U0058315

Pierre Hermé 寫給你的
巧克力糕點書

大境文化

Introduction

Le chocolat est une source inépuisable de plaisir. J'apprécie tout autant le chocolat au lait que le chocolat noir. Le lait pour la gourmandise et le noir pour la dégustation, ses parfums d'une grande richesse et d'une infinie diversité.

Je crée des émotions gourmandes. Dans mon travail de création, je donne au chocolat la toute première place, je porte une attention toute particulière à sa texture, ses associations et ses nuances d'arômes et de saveurs, aux combinaisons fruits et chocolat, épices et chocolat, ou, plus classiques, les pralinés ou les ganaches nature.

J'aime travailler le chocolat, il s'agit d'une relation personnelle avec une matière qui vit et qui ne se laisse pas apprivoiser facilement, une matière extrêmement complexe et sensible.

Je vous livre ici mes secrets pour préparer des desserts au chocolat, depuis la bûche chocolat framboise pour le réveillon, aux sablés banane au chocolat pour le goûter. Car il y a mille et une façons d'explorer les plaisirs du chocolat.

Voyagez à travers ce livre de recettes. Laissez libre cours à vos envies, partez à la découverte de "l'or brun".

Pierre Hermé

巧克力是 "褐色的寶石"

品嚐優質巧克力的喜悅是無窮盡的。我個人覺得牛奶巧克力和黑巧克力二者都非常棒。若是要加以區隔，則可說喜歡甜點的人適合牛奶巧克力系列，巧克力行家則會比較適合純黑巧克力系列吧。特別值得一提的是，後者更能品嚐出豐富且無極限的特有多種香氣。

在我因味覺得到感動，而衍生的創作過程中，巧克力可視為最重要的一環，特別是香氣與質地的微妙和諧；果香、辛香料等與巧克力的巧妙搭配，我更留意長久以來一直受到歡迎的帕林內和甘那許等。

我樂於組合搭配這些巧克力，得以見到具特色且不易處理的材料之間能相互產生美好的滋味。巧克力可說是極為複雜且纖細的食材。

從聖誕節添加了覆盆子的巧克力木柴蛋糕，以至作為點心食用的香蕉巧克力奶油沙布列，本書中收錄傳授了許多使用巧克力的各種點心製作秘訣。希望各位能藉由本書踏入巧克力的世界，請自由地擴展個人喜好的範疇，重新發現這"褐色寶石"的魅力。

皮耶艾曼

本書所使用的巧克力

巧克力不愧"褐色寶石"之名，具有豐富的種類。就像是視不同場合、時尚地選用寶石才能烘托其特色一般，各種糕點該使用哪種巧克力，正是製作上最真切的美味，也能傳達糕點師父的感性。即使是可可成分百分比相同的產品，因廠商不同而產生微妙差異之處，這也正是巧克力深刻且奧妙的地方。因此法芙娜（valrhona）有些非市售品，特別為 Pierre Hermé 皮耶·艾曼訂製。閱讀本書進而製作糕點時，即使沒有法芙娜（valrhona）的產品，也請配合該款糕點使用相同可可成分百分比的巧克力來製作。

另外，調溫是巧克力糕點製作時非常重要的作業，因此請不要省略巧克力的調溫。（請參照第84頁）

CARAQUE
（可可成分56%）

EXTRA AMER
（可可成分67%）

牛奶
巧克力

JIVARA
（可可成分40%）

EXTRA BITTER
（可可成分61%）

Pure Origin Chuao
（可可成分68%）

白巧克力

IVOIRE
（可可成分35%）

黑巧克力

GUANAJA
（可可成分70%）

CACAO PÂTE
（可可塊）

ARAGUANI
（可可成分72%）

MANJARI
（可可成分64%）

可可脂

巧克力材料

PÂTE À GLACER
NOIRE

可可粉

GRUÉ DE CACAO

CŒUR DE GUANAJA
（可可成分80%）

CARAIBE
（可可成分66%）

Sommaire

在閱讀本書前請先瀏覽
- 鮮奶油使用的是乳脂肪成分35% 之產品、牛奶使用的是乳脂肪成分3.7% 以上無成分調整之產品。
- 使用烤箱的烘烤時間、溫度，會因烤箱不同而略有差異。食譜內溫度及時間僅供參考，請邊視其狀態邊進行調整。
- 糕點名稱下方的巧克力糖是製作難易度標示。1顆是初級、2顆是中級、3顆是高級。
- 「工具」項目當中，僅標示出製作糕點時必要的調理機器及工具。其中有部分是即使沒有也可以製作，但採用本書推薦的方法製作時才是必要。另外，刀子、砧板、湯匙等居家皆已具備的工具則省略未提。
- 使用磨削的柳橙、檸檬皮泥、糖漬時，請使用有機栽植且表皮無上蠟者。

摩嘉多巧克力
Bonbon chocolat Mogador

材料〔2.8cm × 2.8cm 25個〕

 百香果泥 44g

 轉化糖漿（trimoline）12g

 牛奶巧克力（可可成分40%） 120g

 無鹽奶油 28g

 完成調溫的牛奶巧克力（可可成分40%）適量

 可可粉 少量

※ 牛奶巧克力
使用的是法芙娜（valrhona）的 JIVARA（可可成分40%）。

工具

 鍋子

 1cm 的方型鋁棒

 橡皮刮刀

 攪拌器

 缽盆

 抹刀

 玻璃紙 OPP（cellophane）

 巧克力叉

 溫度計

量尺

作法

1. 百香果泥和轉化糖漿放入鍋中混合，加熱至50℃（a）。
2. 巧克力融化並達到40℃。
3. 將1的一半分量加入融化的巧克力中混拌（b）。充分混拌後再加入其餘分量（c），充分拌勻。
4. 均勻混拌後，加入放至柔軟的奶油混拌（d）。攪拌至拉起攪拌器時，材料會緩慢地流下滴落的柔軟程度即可（e）。
5. 在玻璃紙上以1cm 的方型鋁棒組合成為14cm 的四方形，倒入4的材料（f）。表面貼合地覆蓋上玻璃紙，放置於18℃左右的陰涼處，使其凝固。不可放入冷藏室。
6. 待凝固後脫出模型。刀子先以熱水溫熱後，分切成3cm × 3cm 的大小。分切時會略為融化，因此再度放置於陰涼處靜置約24小時。
7. 分切後的巧克力，放置於巧克力叉上以完成調溫的牛奶巧克力浸漬沾裹，在缽盆邊緣刮下滴落的巧克力（g）。
8. 在表面篩上可可粉（h），貼合地覆蓋上切成小塊的玻璃紙（i）。用小型抹刀輕輕按壓表面（j），使其緊密地貼合。
9. 放置於陰涼處保存。不可放入冷藏室。

Mémo

■ 倒入模型時，務必確認四角皆均勻流入。
■ 以熱水溫熱刀子分切時，刀子每回都必須溫熱並確實將水分擦拭後才進行分切。

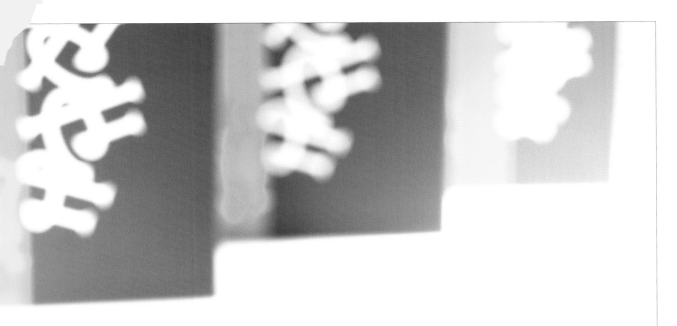

Bonbon chocolat Mogador

摩嘉多巧克力

甜美的牛奶巧克力，
與百香果的酸味
共譜出絕妙好滋味。

濃烈巧克力
Bonbon chocolat Intense

材料（2.8cm × 1.5cm 45個）

 鮮奶油　105g

 轉化糖漿（trimoline）17g

 黑巧克力（可可成分70%）115g

 可可塊（cacao pâte）12g

 無鹽奶油　28g

 完成調溫的黑巧克力（可可成分61%）適量

※ 黑巧克力
使用的是法芙娜（valrhona）的 GUANAJA（可可成分70%）、EXTRA BITTER（可可成分61%）。

工具

 鍋子

 1cm 的方型鋁棒

 橡皮刮刀

 攪拌器

 缽盆

 抹刀

 玻璃紙 OPP（cellophane）

 巧克力叉

 溫度計

 量尺

a

b

g

c

h

d

i

e

j

f

k

l

作法

1. 黑巧克力和可可塊放入鍋中混拌，隔水加熱至45℃。

2. 鮮奶油在另一個鍋中加熱至沸騰，加入轉化糖漿充分混拌。

3. 將2的1/3加入1當中，充分混拌（a）。

4. 待充分混拌後，接著再加入1/3混合拌勻（b）。

5. 加入餘下的1/3，以攪拌器混拌。此時溫度最好達到40℃（c）。

6. 加入放至柔軟的奶油，緩緩拌勻。攪拌至拉起攪拌器時，材料會緩慢流下滴落的柔軟程度即可（d）。

7. 在玻璃紙上以1cm 的方型鋁棒組合，使其成為14cm 的正方形，倒入6的材料（e）。表面貼合地覆蓋上玻璃紙（f），放置於陰涼處，使其凝固。不可放入冷藏室。

8. 待凝固後脫出模型，以完成調溫的黑巧克力在表面薄薄地淋上包覆（g），表面貼合地覆蓋上玻璃紙（h），放置於18℃的陰涼處。

9. 待其凝固後，剝除玻璃紙，刀子先以熱水溫熱後，分切成2.8cm × 1.5cm 的大小（i）。分切後放置於陰涼處約24小時（j）。

10. 分切後的巧克力，放置於巧克力叉上以完成調溫的黑巧克力浸漬沾裹，以缽盆邊緣刮下滴落的巧克力（k）。

11. 用巧克力叉在表面劃出斜線完成（l）。

12. 放置於陰涼處保存。不可放入冷藏室。

Mémo

■ 倒入模型時，務必確認四角皆均勻流入。

■ 以熱水溫熱刀子分切時，刀子每回都必須溫熱並確實將水分擦拭後才進行分切。

Bonbon chocolat Intense
濃烈巧克力

這款黑巧克力甘那許，
請搭配錫蘭紅茶一起享用。

抹茶牛奶松露巧克力
Truffe chocolat au lait et thé vert Matcha

材料（30個）

 鮮奶油　65g

 轉化糖漿（trimoline）　8g

 抹茶　6.5g

 牛奶巧克力（可可成分40%）　135g

 無鹽奶油　20g

 牛奶巧克力的松露球　30顆

 烘烤開心果　60顆

 完成調溫的牛奶巧克力（可可成分40%）　適量

 開心果粉　適量

※ 牛奶巧克力
使用的是法芙娜（valrhona）的
JIVARA（可可成分40%）。

※ 開心果粉
使用的是義大利西西里的產品。

※ 牛奶巧克力的松露球
也被稱為 whole kugeln milk，糕
點材料店內即有販售。

工具

 鍋子　　 溫度計

 橡皮刮刀　橡膠手套

 攪拌器　　方型淺盤

 鉢盆

 擠花袋和圓形擠花嘴

 巧克力叉

作法

1 煮沸鮮奶油，加入轉化糖漿混拌。

2 牛奶巧克力以40℃融化備用。

3 將少量的1放入裝有抹茶粉的鉢盆中，避免結塊地混拌成膏狀（a）。

4 再加入少量的1，混拌稀釋膏狀（b）。

5 再加入少量的1混拌。當充分混拌至膏狀呈現光澤後，加入其餘的1混合拌勻（c）。

6 將5分成3～4次加入2融化的巧克力中，少量逐次地加入並混拌（d）。

7 加入放至柔軟的奶油混拌。攪拌至拉起攪拌器時，材料會迅速掉落的柔軟程度（e）。

8 填裝至口徑較小的擠花袋內，擠入松露牛奶巧克力球內，約擠入一半（f）。

9 在其中放入2顆烘烤過的開心果（g）。

10 再將8擠至滿（h）。

11 在表面擠上調溫過的牛奶巧克力作為包覆（i）。放置於常溫中至表層包覆的巧克力凝固為止。

12 戴上橡膠手套，取少量的調溫牛奶巧克力至手中，將11放在掌心中滾動（j），使表面沾裹上巧克力。

13 用巧克力叉在開心果粉上按壓滾動，將巧克力球沾裹上開心果粉（k）。於16～18℃的陰涼處放置一天。

Mémo
■ 因抹茶易結塊，因此必須少量逐次地加入稀釋。
■ 裹上開心果粉的松露巧克力不能放入冷藏室。必須放置於陰涼處。

Truffe chocolat au lait et thé vert Matcha

抹茶牛奶松露巧克力

加了開心果的牛奶巧克力的甘甜，
與作爲主角的抹茶的苦味，融合得恰到好處。

濃烈松露巧克力
Truffe Intense

材料（2.8cm × 1.5cm 45個）

 鮮奶油　110g

 轉化糖漿（trimoline）14g

 黑巧克力（可可成分56%）　130g

 黑巧克力（可可成分66%）　50g

 無鹽奶油　28g

 完成調溫的黑巧克力（可可成分56%）適量

 可可粉　適量

※ 黑巧克力
使用的是法芙娜（valrhona）的
CARAQUE（可可成分56%）、
CARAIBE（可可成分66%）。

※ 可可粉
使用法芙娜。

工具

 鍋子

 1cm 的方型鋁棒

 橡皮刮刀

 攪拌器

 缽盆

 巧克力叉

 橡膠手套

 溫度計

 量尺

 方型淺盤

a

e

b

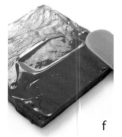
f

c

g

d

h

作法

1. 鮮奶油加熱至沸騰，加入轉化糖漿充分混拌（a）。
2. 混合兩種黑巧克力，以40℃融化備用。
3. 將1/3的1加入融化的巧克力當中混拌（b）。
4. 再加入1/3混合拌勻，接著加入餘下的1/3，混拌（c）。此時溫度最好達40℃。
5. 加入放至柔軟的奶油混拌（d）。
6. 用4支鋁棒組合成14cm × 14cm 的正方形，倒入5的材料（e）。
7. 待凝固後脫出模型，以完成調溫的黑巧克力在表面薄薄地淋上包覆（f），放置於常溫中。
8. 待其凝固後分切。刀子先以熱水溫熱後，分切成2.8cm × 1.5cm 的大小。分切後放置約24小時。
9. 戴上橡膠手套，取少量的調溫黑巧克力至手中，將8放在掌心中滾動（g），使表面沾裹上巧克力。
10. 用巧克力叉將其在可可粉上按壓滾動，沾裹上可可粉（h）。於16 ～ 18℃的陰涼處放置一天。

Mémo
- 倒入模型時，務必確認四角皆均勻流入。
- 以熱水溫熱刀子分切時，刀子每回都必須溫熱並確實將水分擦拭後才進行分切。
- 因是柔軟的巧克力，因此在可可粉上沾裹時也必須輕柔地滾動。

Truffe Intense

濃烈松露巧克力

以手整形，裹上融化的巧克力，
再沾裹上可可粉製成眞正的松露巧克力
（甘那許也可以添加個人喜好的風味）。

克蘿伊巧克力沙布列
Sablé chocolat Chloé

材料〔56片〕

 無鹽奶油　65g

 紅糖（cassonade）50g

 細砂糖　22g

 香草精　1g

 鹽（鹽之花）　2g

 低筋麵粉　60g

 高筋麵粉　15g

 小蘇打粉　2g

 可可粉　13g

 黑巧克力（可可成分70%）　65g

 冷凍乾燥覆盆子（切碎）　30g

※ 黑巧克力

使用的是法芙娜（valrhona）的
GUANAJA（可可成分70%）。
若無法購得，可用可可成分
相同的黑巧克力取代。

工具

 缽盆

 刮板

 網篩

 烤箱

 烤盤紙

作法

1　巧克力切碎，切成仍有顆粒的大小(a)。

2　在缽盆中放入奶油，以刮板攪拌至柔軟 (b)。奶油稍稍提前由冷藏室取出可以更容易攪拌。

3　加入紅糖(c)、細砂糖、香草精(d)、鹽，以刮板按壓般混拌至整體均勻為止(e)。

4　加入混合過篩後的低筋麵粉和高筋麵粉各一半的分量，加入可可粉和小蘇打粉(f)。與3同樣地以刮板混拌(g)。

5　加入其餘的低筋麵粉和高筋麵粉、冷凍乾燥覆盆子(h)和1的巧克力碎，同樣地混拌至粉類消失後，取出放置於工作檯上(i)。乾鬆的麵團用手掌按壓般地數次揉和至整合成團(j)。

6　將5分成2等分，各別以手滾動成長28cm的棒狀(k)。以保鮮膜包覆後放入冷藏室冷卻至容易分切的硬度。

7　切成1cm 厚(l)，排放在舖有烤盤紙的烤盤上。

8　放入以165℃預熱的烤箱中，烘烤約12分鐘。完成烘烤後取出，直接放至冷卻。

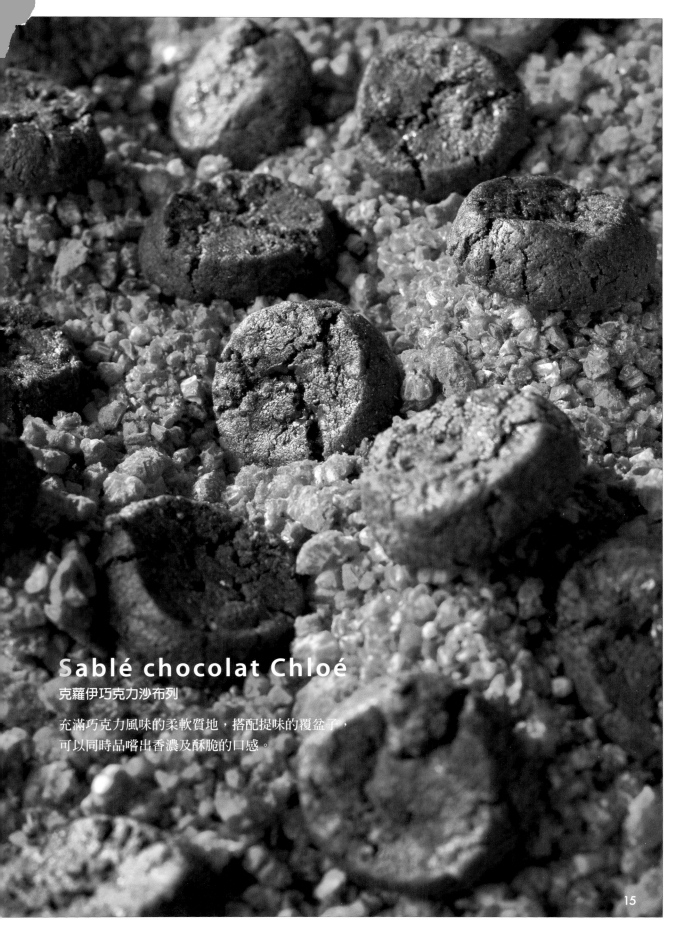

Sablé chocolat Chloé
克蘿伊巧克力沙布列

充滿巧克力風味的柔軟質地，搭配提味的覆盆子，
可以同時品嚐出香濃及酥脆的口感。

巧克力香蕉沙布列
Sablé banane chocolat

材料（約40個）

 糖粉 70g

 無鹽奶油 150g

 杏仁膏（pâte d'amande） 25g

 鹽（鹽之花） 2g

 全蛋 30g

 低筋麵粉 180g

 半乾燥香蕉（※） 50g

■ 完成

 黑巧克力（可可成分56%） 適量

※ 半乾燥香蕉

也有已切成小塊的市售品。在此使用的是剝皮的香蕉塊放入 50～60℃ 的烤箱中，烘烤8小時左右乾燥而成。

※ 黑巧克力

使用的是法芙娜（valrhona）的CARAQUE（可可成分56%）。若無法購得，可用可可成分相同的黑巧克力取代。

工具

 食物調理機　 烤盤紙

 橡皮刮刀　 巧克力叉

 網篩　 玻璃紙 OPP（cellophane）

 擀麵棍　 缽盆

 烤箱

作法

1. 糖粉、切成1cm塊狀的奶油、杏仁膏，用食物調理機攪打至全體混拌均勻（a）。
2. 攪拌過程中暫停，用橡皮刮刀將沾黏在食物調理機周圍的材料刮落（b），加入鹽和全蛋（c），再度攪打至全體混拌均勻。
3. 攪拌過程中暫停，將沾黏在周圍的材料刮落，加入過篩的低筋麵粉（d），再次進行攪打。
4. 再度暫停，將沾黏在周圍的材料刮落，加入切成6mm塊狀的半乾燥香蕉（e）。攪打至全體混拌均勻為止。
5. 取出4用保鮮膜包覆，用手將麵團薄薄按壓後，再以擀麵棍擀壓成約1cm的厚度（f、g），放入冷藏室冷卻。
6. 麵團冷卻後，以擀麵棍擀壓成4mm的均勻厚度，再次放入冷藏室冷卻。
7. 以刀子分切成2cm×10cm的長方形。
8. 放入以165℃預熱的烤箱中（h），烘烤約20分鐘。完成烘烤後取出（i），直接放至冷卻。

＜完成＞

1. 完成調溫的巧克力（請參照第84頁）放入缽盆中，將烤好的沙布列底部朝上地放入其中。使用巧克力叉使其在巧克力當中轉一圈均勻沾裹（j），取出在缽盆邊緣瀝掉多餘的巧克力（k）。放在玻璃紙或烤盤紙上（l），直接放至巧克力凝固為止。

Mémo

■ 在缽盆中依序放入材料進行混拌也可以製作。但因為麵團非常柔軟，因此建議使用食物調理機。

Sablé banane chocolat

巧克力香蕉沙布列

香蕉和巧克力的紮實香氣，
脆口的嚼感與融化於口中的質地，
令人無法抗拒。

Cake chocolat et fruits secs
乾果巧克力蛋糕

GUANAJA 巧克力片、杏仁果脆片，
還同時撒上開心果脆片的巧克力磅蛋糕。

Quatre heures Azur
蔚藍海岸午茶蛋糕

柚子更能烘托出巧克力的絕佳美味。

乾果巧克力蛋糕

Cake chocolat et fruits secs

材料（11.5cm × 4.5cm × 高5cm的磅蛋糕模型2個）

 無鹽奶油　55g

 杏仁膏（Pâte d'amande）　42g

 細砂糖　55g

 全蛋　60g

 牛奶　50g

 低筋麵粉　45g

 高筋麵粉　10g

 泡打粉　0.8g

 可可粉　12g

 黑巧克力（可可成分70%）　60g

 榛果　12g

 杏仁果　10g

 開心果　10g

■ 糖漿（imbibage）（塗抹滲入蛋糕用糖漿。1個使用30g）

 細砂糖　30g

 礦泉水　45g

■ 裝飾用甘那許

 鮮奶油　20g

 黑巧克力（可可成分70%）　20g

■ 裝飾

 杏仁果、榛果、開心果　各適量

工具

 網篩

 烤箱

 磅蛋糕模

 模型紙

 缽盆

 橡皮刮刀

 攪拌器

 擠花袋

 方型淺盤

 網架

 毛刷

 鍋子

※ 黑巧克力
使用的是法芙娜（valrhona）
GUANAJA（可可成分70%）。
若無法購得，可用可可成分
相同的黑巧克力取代。

作法

1 杏仁果、榛果、開心果攤放在鋪有烤盤紙的烤盤上（a），用160℃預熱的烤箱烘烤約11分鐘，放涼備用。

2 在磅蛋糕模內薄薄地刷塗奶油，用烤盤紙製作紙模鋪入備用（b）。

3 將1的堅果切成粗粒（c）。

4 巧克力切成與3堅果粗粒相同的大小（d）。

5 高筋麵粉、低筋麵粉、泡打粉、可可粉等先過篩混合備用。

6 將置於常溫的奶油放入缽盆中攪拌成乳霜狀，加入杏仁膏（e）、細砂糖。以橡皮刮刀使其均勻融合地混拌（f），避免結塊地用攪拌器混拌至滑順為止（g）。

7 待其滑順後，加入全蛋用攪拌器混拌（h）。混拌後加入牛奶（i），避免結塊地混合拌均勻（j）。

8 加入5的粉類（k），混拌至粉類完全消失為止（l）。

9 加入3的堅果粗粒（m）、4的巧克力粗粒（n）混合拌勻（o）。

10 裝入擠花袋內擠至2的模型中。為使麵糊能均勻流至模型的邊角，在工作檯上敲叩模型2～3次。

11 放入以160℃預熱的烤箱中（p），烘烤約27分鐘。

＜完成＞

1 在完成烘烤前製作糖漿。在鍋中放入水和細砂糖混拌加熱（q），沸騰後熄火。

2 蛋糕烘烤完成後（r），脫模並剝除紙，擺放在墊有方型淺盤的網架上，趁熱用毛刷將60℃左右的糖漿刷塗在蛋糕全體表面，直接放至冷卻（s、t）。

3 製作裝飾用甘那許。首先煮沸鮮奶油。

4 融化黑巧克力，將煮沸的鮮奶油分三次加入（u），混拌。待全體融化並達到40℃（v）。

5 以烤盤紙等製作擠花紙捲，放入甘那許。

6 剪開擠花紙捲的前端成為細口徑，大動作將甘那許擠在刷塗了糖漿的蛋糕表面（w）。

7 在甘那許上放裝飾的杏仁果、榛果、開心果（x）。

Mémo

■ 杏仁膏，在使用前置於常溫或以微波爐加熱約10秒使其柔軟更方便混拌。

■ 在加入粉類前務必確認材料沒有結塊且呈滑順狀態。一旦加入粉類後，結塊就不會消失了。

■ 糖漿必須在剛出爐時，以溫熱狀態刷塗。當蛋糕放涼後才塗抹糖漿，會使蛋糕變得黏糊。

蔚藍海岸午茶蛋糕
Quatre heures Azur

材料（9個）

■ 軟芯巧克力蛋糕（Moelleux chocolat）（柔軟的巧克力蛋糕）

 無鹽奶油　90g

 細砂糖　80g

 黑巧克力（可可成分67%）　90g

 全蛋　72g

 低筋麵粉　27g

■ 糖煮葡萄柚（Cube de Pamplemousse Confit。以下是方便製作的分量。使用30g）

 粉紅葡萄柚　1個

 礦泉水　260g

 細砂糖　130g

 新鮮檸檬汁　10g

 八角茴香　0.5g

 香草莢（使用香草籽後的豆莢）　1支

 黑胡椒　0.5g

■ 蔚藍海岸甘那許

 鮮奶油　45g

 轉化糖漿（trimoline）5g

 黑巧克力（可可成分64%）　45g

 新鮮柚子汁　14g

工具

 鍋子

 攪拌器

 橡皮刮刀

 缽盆

 網篩

 擠花袋和圓形擠花嘴

烤箱

Flexipan 烤模（直徑 3cm・高 1.5cm 的半圓型）

Flexipan 烤模（直徑 5cm・高 4cm）

※ 黑巧克力
軟芯巧克力蛋糕使用的是法芙娜（valrhona）EXTRA AMER（可可成分 67%）、蔚藍海岸甘那許使用的是法芙娜（valrhona）MANJARI（可可成分 64%）。若無法購得，可用可可成分相同的黑巧克力取代。

糖 煮 葡 萄 柚

a

g

b

h

c

i

d

j

e

k

蔚 藍 海 岸 甘 那 許

l

f

m

n

o

p

q

r

s

組合

t

u

v

w

x

作法

＜糖煮葡萄柚＞

1　切掉葡萄柚兩端，連同少許果肉地將果皮縱向切下(a)。

2　在沸騰的熱水中放入1的果皮，燙煮3分鐘後，倒掉熱水，用水清洗。重覆進行3次。

3　在鍋中混合其他材料，邊混拌邊加熱(b)，待沸騰後放入2的葡萄柚皮(c)。使用刺出數個小孔洞的鋁箔紙作為落蓋，熬煮1小時30分鐘(d)，放涼。

4　待放涼後，用刀子刮下果肉(e)，將果皮切成5mm的丁。

＜蔚藍海岸甘那許＞

1　巧克力以隔水加熱或微波爐加熱至40～45℃使其融化備用。

2　在鍋中混合鮮奶油和轉化糖漿，加熱使其沸騰。

3　融化1的巧克力中，分三次加入2煮沸的鮮奶油(f)。第一次和第二次添加(g)，以攪拌器混合拌勻，第三次與鮮奶油同時加入新鮮柚子汁(h)，以橡皮刮刀混拌(i)。混拌完成時，呈乳化且具光澤的乳霜狀。

4　將3的甘那許倒入直徑3cm×高1.5cm半圓型的一半高(j)。

5　每個模型內各放入2個糖煮葡萄柚丁(k)。

6　再倒入甘那許(l)，放入冷藏使其冷卻凝固(m)。

＜軟芯巧克力蛋糕＞

1　隔水加熱巧克力，或以微波爐加熱至35℃左右使其融化備用。

2　奶油置於室溫並攪拌使其成為乳霜狀，加入細砂糖以橡皮刮刀混拌(n)。

3　均勻混拌後，以橡皮刮刀邊混拌邊分三次加入融化的巧克力(o、p)。

4　加入均勻攪拌過的全蛋(q)，以攪拌器混拌均勻(r)。必須注意避免打入空氣。

5　加入完成過篩的粉類(s)，混拌至粉類完全消失為止。

＜組合＞

1　將軟芯巧克力蛋糕麵糊放入裝有圓形擠花嘴的擠花袋內，擠入20g在直徑5cm、高4cm的模型中(u)。

2　在工作檯上敲叩模型使其平整，將已在冷藏室凝固的甘那許脫模，圓型方向朝下地使其沈入麵糊中(v)。

3　再繼續擠絞10g的軟芯蛋糕麵糊(w)，放入冷藏室冷卻凝固。因為烘烤時會膨脹，因此必須注意不要擠滿至模型邊緣。

4　放入以170℃預熱的烤箱中，烘烤約15分鐘。完成烘烤後，由烤箱中取出(x)，直接放置冷卻。

Mémo

■為避免融化奶油，將巧克力分三次加入。

■奶油與雞蛋分量較多不易乳化，因此材料放至常溫後使用以防止產生分離。

■加入全蛋以攪拌器混拌時，必須注意避免打入空氣地混拌。此時一旦打至發泡，烘烤後由烤箱取出，就會造成蛋糕體的塌陷。

■因為是柔軟且纖細的蛋糕，所以由烤箱中取出後立刻脫模容易導致蛋糕崩壞。切記放涼後再脫模。

美迪里斯午茶蛋糕
Quatre heures Médélice

材料（9個）

■ 軟芯巧克力蛋糕
（Moelleux chocolat）
（柔軟的巧克力蛋糕）

 無鹽奶油　90g

 細砂糖　80g

 黑巧克力（可可成分67%）　90g

 全蛋　72g

 低筋麵粉　27g

■ 糖漬檸檬片（Tranche de Citron Confit。以下是方便製作的分量。使用30g）

 檸檬　1個

 礦泉水　250g

 細砂糖　125g

■ 美迪里斯甘那許

 鮮奶油　60g

 檸檬皮　1/4個

 轉化糖漿（trimoline）　5g

 黑巧克力（可可成分64%）　45g

※ 黑巧克力
軟芯巧克力蛋糕使用的是法芙娜（valrhona）EXTRA AMER（可可成分67%）、美迪里斯甘那許使用的是法芙娜（valrhona）MANJARI（可可成分64%）的產品。若無法購得，可用可可成分相同的黑巧克力取代。

糖漬檸檬片

a

b

c

d

美迪里斯甘那許

e

f

k

l

g

h

i

j

工具

 鍋子　　 缽盆

攪拌器　　擠花袋和圓形擠花嘴

橡皮刮刀　　烤箱

Flexipan 烤模（直徑3cm、高1.5cm的半圓型。請參照第22頁）

Flexipan 烤模（直徑5cm、高4cm。請參照第22頁）

作法

＜糖漬檸檬片＞
1　切掉檸檬兩端，切成1.5mm的薄片（a）。
2　在鍋中混合礦泉水和細砂糖加熱，煮至沸騰成糖漿（b）。
3　在缽盆中放入1的檸檬片，注入2的糖漿（c）。緊密貼合表面地覆蓋上保鮮膜（d），直接放置1日備用。

＜美迪里斯甘那許＞
1　巧克力以隔水加熱或微波爐加熱至40～45℃使其融化備用。
2　在鍋中混合鮮奶油和轉化糖漿，加入磨下的檸檬皮（e）。加熱煮至沸騰（f）。
3　融化1的巧克力中，分三次加入2煮沸的鮮奶油（g）。第一次和第二次添加，以攪拌器混合拌勻（h），第三次（i）改以橡皮刮刀混拌。混拌完成時，呈乳化且具光澤的乳霜狀（j）。
4　將3的甘那許倒入直徑3cm×高1.5cm半圓型的一半高。
5　將糖漬檸檬片切成小塊，每個模型內各放入2塊（k）。
6　再倒入甘那許（l），放入冷藏使其冷卻凝固。

＜軟芯巧克力蛋糕＞
與第23頁「蔚藍海岸午茶蛋糕」的＜軟芯巧克力蛋糕＞製法相同。

＜組合＞
與第23頁「蔚藍海岸午茶蛋糕」的＜組合＞製法相同，將軟芯巧克力蛋糕麵糊倒入模型中，填放美迪里斯甘那許，以烤箱烘烤。

Quatre heures Médélice

美迪里斯午茶蛋糕

柔軟的巧克力蛋糕當中，填放了水果風味甘那許的午茶點心。

Macaron Azur

蔚藍海岸馬卡龍

添加了香柚的馬卡龍，
或許不久會成爲《Pierre Hermé Paris》的代表作也說不定。
託香柚的福，黑巧克力甘那許帶著水果風味，
完成了香氣十足的豐富滋味。

Macaron Inca

印加馬卡龍

酪梨、香蕉和巧克力巧妙地融合，
交織蘊釀出纖細且多樣化的風味。

蔚藍海岸馬卡龍
Macaron Azur

材料（馬卡龍約35個）

■ 巧克力馬卡龍餅（biscuit macaron chocolat）

A

 杏仁粉（去皮）150g

 糖粉 150g

 蛋白 60g

 食用液體色素（覆盆子色）1滴

B

 細砂糖（糖漿用）150g

 礦泉水 45g

 蛋白 60g

 細砂糖（蛋白霜用）15g

 乾燥蛋白粉 1g

 可可塊 45g

■ 柚香巧克力甘那許

 鮮奶油 132g

 轉化糖漿（trimoline）15g

 黑巧克力（可可成分64%）132g

 新鮮柚子汁 30g

 無鹽奶油 50g

工具

 缽盆

 網篩

 橡皮刮刀

 鍋子

 溫度計

 攪拌機（或手持電動攪拌機）

 擠花袋和圓形擠花嘴

 烤盤紙

 烤箱

 攪拌器

 玻璃紙 OPP（cellophane）

馬卡龍麵糊用紙型

※ 黑巧克力

使用的是法芙娜（valrhona）MANJARI（可可成分64%）的產品。若無法購得，可用可可成分相同的黑巧克力取代。

巧克力馬卡龍餅

a

g　　m

b

h　　n

c

i　　o

d

j

p

柚香巧克力甘那許

e

k　　q

f

l　　r

組合

作法

＜巧克力馬卡龍餅＞

1 B 的蛋白使用前 3 天，先放入鉢盆中攪散，覆蓋保鮮膜刺出數個孔洞，放入冷藏室備用。

2 B 的可可塊以隔水加熱或微波爐加熱至 45 ～ 50℃ 融化備用。

3 A 的杏仁粉和糖粉混合過篩(a)，放入鉢盆備用。

4 在鍋中放入 B 的糖漿用細砂糖和礦泉水混合，加熱至 118℃。

5 在攪拌機鉢盆中放入 1 當中 B 的蛋白(c)、蛋白霜用細砂糖和乾燥蛋白粉，以攪拌機的中速開始進行打發。

6 混合 A 的蛋白和食用色素，加入 3 的粉類當中(d)，以橡皮刮刀輕輕混拌(e)。在此不可過度混拌。

7 當 4 的糖漿達 118℃ 時(f)，先將攪拌著 5 的蛋白(仍為柔軟狀態)的攪拌機轉為高速，以細流狀注入糖漿(g)。改回中速，打發至尖角略為垂落的義式蛋白霜(h)。

8 取少量 7 的蛋白霜加入 2 融化的可可塊當中，以橡皮刮刀由底部翻起般地輕輕混拌(i)。

9 將 8 的可可塊和其餘一半分量的蛋白霜加入 6 當中(j)，混合拌勻。在尚未完成拌勻前，加入其餘的蛋白霜，混合拌勻(k)。最後以橡皮刮刀按壓般地混拌材料(l)，混拌至產生光澤時即完成(m)。

10 預備畫有直徑 3.5cm 圓形的紙型，疊放在烤盤紙下地舖於烤盤上。將 9 的材料放入裝有 12 號圓形擠花嘴的擠花袋內，擠出直徑 3.5cm 的圓形(n)。

11 敲叩烤盤底部至麵糊表面呈現平整狀態(約是圓形直徑擴大約 1cm 的程度)(o)。(p)是平整後的麵糊。

12 直接放置 20 ～ 30 分鐘，使表面乾燥。

13 觸摸麵糊表面而不沾黏時，放入以 180℃ 預熱的烤箱中，溫度調降至 160℃ 烘烤約 7 分鐘，左右對調烤盤再次烘烤 7 分鐘。完成烘烤後，由烤箱中取出，連同烤盤紙一起放置於網架上冷卻。

＜柚香巧克力甘那許＞

1 巧克力以隔水加熱或微波爐加熱至 40 ～ 45℃ 使其融化備用。

2 在鍋中混合鮮奶油和轉化糖漿，用攪拌器邊混拌邊加熱使其沸騰(q)。

3 融化 1 的巧克力中，分三次加入 2 煮沸的鮮奶油。首先加入 1/3 分量(r)，用攪拌器由中央朝外側般地混拌(s)，待均勻混拌後，再加入 1/3 分量，同樣地混拌(t、u)。最後加入剩餘的鮮奶油和新鮮柚子汁(v)，第三次避免打入空氣地改以橡皮刮刀混拌(w)。混拌完成時，呈乳化且具光澤的乳霜狀(x)。

4 當 3 的溫度達 40 ～ 45℃ 時，加入置於室溫並攪拌成乳霜狀的奶油(y)，以攪拌器輕巧地混拌至奶油完全消失為止(z)。

5 倒入容器內(A)，防止乾燥地將玻璃紙緊密貼合在表面(B)，放置於常溫中使其冷卻至方便擠的硬度。

＜組合＞

1 將甘那許放入裝有 12 號圓形擠花嘴的擠花袋內，大量擠在半個馬卡龍餅的內側(每個約使用 10g 的甘那許)(C)。

2 覆蓋上另一半的馬卡龍餅，輕輕按壓(D)。放入密閉容器內冷藏靜置一夜。

Mémo

巧克力馬卡龍餅

■ 步驟 1，進行的是蛋白的"液狀化步驟。靜置於冷藏室可以使其黏性消失，更容易打發也更能製作出滑順的蛋白霜。

■ 步驟 6 和步驟 8、9 當中，都不需要完全混拌地輕輕混合，在步驟 9 的最後，是完全均勻的混拌狀態。過度混拌時，材料會變得沈重，烘烤完成時的馬卡龍餅口感也會變差。

■ 製作義式蛋白霜時，糖漿的溫度以 118℃ 最佳。較低溫時，材料會過於鬆弛，而溫度過高會使其變硬。

■ 步驟 9，最後進行按壓般的混拌作業，稱為"Macaronnage，利用按壓打發蛋白霜的氣泡，使其能製作出具光澤的馬卡龍麵糊。Macaronnage 完成的判別，就在於麵糊所產生晶亮的光澤。

蔚藍海岸甘那許

■ 鮮奶油分三次加入。混拌時，由中央開始混拌再逐漸向外側混拌帶入巧克力。最初是粗糙的分離狀態，但第 3 次混拌完成時就會呈現乳霜狀的乳化光澤。

■ 加入奶油時，溫度過高會呈現分離狀態，因此務必在溫度為 40 ～ 45℃ 時添加。

印加馬卡龍
Macaorn Inca

材料（馬卡龍約35個）

■ 巧克力馬卡龍餅
（biscuit macaron chocolat）

A

 杏仁粉（去皮）
150g

 糖粉　150g

 蛋白　60g

 食用液體色素
（黃色）　1.5g

食用液體色素
（覆盆子色）　1滴

B

 細砂糖（糖漿用）
150g

 礦泉水　45g

 蛋白　60g

 細砂糖
（蛋白霜用）　15g

 乾燥蛋白粉　1g

■ 酪梨香蕉甘那許

 酪梨果肉　42g

 新鮮檸檬汁　10g

 新鮮柳橙汁　10g

 萊姆皮　0.1g

 香蕉泥　40g

 鮮奶油　115g

 白胡椒　0.1g

 辣椒水（tabasco）
0.2g

 白巧克力（可可成
分35%）　115g

 半乾燥香蕉（請參
照第16頁）　25g

■ 苦甜巧克力甘那許

 鮮奶油　32g

 轉化糖漿（trimoline）
4g

 黑巧克力（可可成分
70%）　30g

 可可塊　4g

 無鹽奶油　12g

※ 白巧克力

使用的是法芙娜（valrhona）IVOIRE（可可成分35%）的產品。若無法購得，可用可可成分相同的白巧克力取代。

※ 黑巧克力

使用的是法芙娜（valrhona）GUANAJA（可可成分70%）的產品。若無法購得，可用可可成分相同的黑巧克力取代。

工具

 鉢盆

 網篩

 橡皮刮刀

 鍋子

 溫度計

 攪拌機（或手持
電動攪拌機）

 擠花袋和
圓形擠花嘴

紙型
（請參照第28頁）

烤盤紙

 烤箱

 攪拌器

 玻璃紙 OPP
（cellophane）

 手持式均質機

 11cm×11cm 的容
器（用作模型）

馬卡龍餅

a

酪梨香蕉甘那許

g

苦甜巧克力甘那許

b

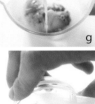

h

c

i

d

j

e

k

f

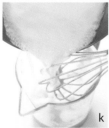

l

m

s

組合

n

t

o

u

p

v

q

w

r

x

作法

<馬卡龍餅>
改變成左頁的材料，指定食用色素的顏色(a)，與第35頁「楚奧馬卡龍」的<黑醋栗馬卡龍餅>相同製作方法。

<苦甜巧克力甘那許>
1 巧克力和可可塊，以隔水加熱或微波爐加熱至45～50℃使其融化備用。
2 在鍋中混合鮮奶油和轉化糖漿，用攪拌器邊混拌邊加熱使其沸騰。
3 融化1的巧克力中，分三次加入2的鮮奶油。首先加入1/3分量(b)，用攪拌器由中央朝外側攪入般地混拌，待均勻混拌後，再加入1/3分量，同樣地混拌。最後加入其餘的鮮奶油，第三次避免打入空氣地改以橡皮刮刀混拌。混拌完成時，呈乳化且具光澤的乳霜狀(c)。
4 當3的溫度達40～45℃時，加入置於室溫攪拌成乳霜狀的奶油(d)，以攪拌器輕地混拌至奶油完全消失為止。
5 在11cm×11cm的容器內鋪放保鮮膜，將4倒入容器內(厚約4mm左右)(e)。放置於陰涼處使其凝固。
6 由容器取出，分切成18mm x18mm(f)，放置於陰涼處備用。

<酪梨香蕉甘那許>
1 白巧克力以隔水加熱或微波爐加熱至35～40℃使其融化備用。
2 酪梨加上新鮮檸檬汁、新鮮柳橙汁(g)、切碎的萊姆皮(h)、香蕉泥(i)，用攪拌器搗碎般按壓邊混拌(j)。
3 鮮奶油用攪拌器邊混拌邊加熱使其沸騰，加入2混合拌勻(k)。
4 加入少許白胡椒(l)和3滴左右的辣椒水(m)，混合拌勻。
5 融化1的巧克力中，分三次加入4的材料。首先加入1/3分量(n)，用攪拌器由中央朝外側攪入般地混拌。待均勻混拌後(o)，再加入1/3分量，同樣地混拌。最後加入其餘的分量，第三次避免打入空氣地改以橡皮刮刀混拌(p)。
6 用手持式均質機充分混拌(q)，使其滑順。
7 半乾燥香蕉切成5mm的塊狀，混合拌勻(r)。
8 倒入容器內(s)，將玻璃紙緊密貼合在表面，放置於冷藏室使其冷卻。

<組合>
1 酪梨香蕉甘那許，在作業15分鐘前取出放置於常溫中，放入裝有12號圓形擠花嘴的擠花袋內(t)。
2 在一半的馬卡龍餅上擠少量的1(u)，擺放上苦甜巧克力甘那許(v)。
3 其餘的馬卡龍餅上大量擠上1(每個約使用10g的甘那許)(w)。
4 將3覆蓋在2上(x)，輕輕按壓。放入密閉容器內冷藏靜置一夜。

Mémo
■請參照第29頁「蔚藍海岸馬卡龍」的Mémo。

31

Macaron Chuao

楚奧馬卡龍

印象中的 Chuao 巧克力風味及口感，
在黑醋栗的烘托下更形出色。

Macaron Chloé

克蘿伊馬卡龍

馬卡龍餅有著香脆口感，
中間包夾的覆盆子巧克力甘那許
卻是香軟濃稠。

PIERRE HERMÉ

PARIS

楚奧馬卡龍
Macaron Chuao

材料（馬卡龍約60個）

■ 巧克力馬卡龍餅（biscuit macaron chocolat）

A

 杏仁粉（去皮）125g

 糖粉 125g

 蛋白 48g

 食用液體色素（覆盆子色） 1滴

B

 細砂糖（糖漿用）125g

 礦泉水 38g

 蛋白 48g

 細砂糖（蛋白霜用） 12g

 乾燥蛋白粉 0.7g

 可可塊 37g

■ 黑醋栗馬卡龍餅

A

 杏仁粉（去皮）125g

 糖粉 125g

 蛋白 48g

 黑醋栗混合液（Mélange Cassis）（※） 1g

B

 細砂糖（糖漿用）125g

 礦泉水 38g

 蛋白 48g

 細砂糖（蛋白霜用） 12g

 乾燥蛋白粉 0.7g

■ 黑醋栗經典楚奧巧克力甘那許

 黑醋栗果泥 100g

 紅醋栗果泥 12g

 礦泉水 62g

 新鮮檸檬汁 10g

 黑醋栗利口酒 30g

 黑巧克力（可可成分68%） 195g

 無鹽奶油 155g

■ 糖漿漬黑醋栗

 黑醋栗果實（冷凍）200g

 礦泉水 200g

 細砂糖 100g

工具

 缽盆

 網篩

 橡皮刮刀

 鍋子

 溫度計

 攪拌機（或手持電動攪拌機）

 擠花袋和圓形擠花嘴

 紙型（請參照第28頁）

烤盤紙

 烤箱

攪拌器

玻璃紙 OPP（cellophane）

※ 黑醋栗混合液（Mélange Cassis）

食用粉狀色素（覆盆子色）4g、食用液體色素（青色）0.6g、礦泉水18.4g混合而成。

※ 黑巧克力

使用的是法芙娜（valrhona）Pure Origin Chuao（可可成分68%）的產品。若無法購得，可用可可成分相同的黑巧克力取代。

巧克力馬卡龍餅

a

g

黑醋栗馬卡龍餅

b

h

c

i

d

黑醋栗經典楚奧巧克力甘那許

e

j

f

k

l

糖漿漬黑醋栗

m

n

o

s

t

u

組 合

p

v

q

r

w

x

作法

＜巧克力馬卡龍餅＞

改變成左頁的材料，以第29頁「蔚藍海岸馬卡龍」的＜巧克力馬卡龍餅＞相同製作方法(a)。

＜黑醋栗馬卡龍餅＞

1 B的蛋白使用前3天，先放入缽盆中攪散，覆蓋保鮮膜刺出數個孔洞，放入冷藏室備用。

2 A的杏仁粉和糖粉混合過篩，放入缽盆備用。

3 在鍋中放入B的糖漿用細砂糖和礦泉水混合，加熱至118℃。

4 攪拌機缽盆中放入1的蛋白、蛋白霜用細砂糖和乾燥蛋白粉，以攪拌機的中速開始進行打發作業。

5 混合黑醋栗混合液和A的蛋白，加入2當中(b)，以橡皮刮刀輕輕混拌(c)。在此不可過度混拌。

6 當3的糖漿達118℃時，先將攪拌4的蛋白(仍為柔軟狀態)的攪拌機轉為高速，以細流狀倒入糖漿(d)。改回中速，打發至尖角略為垂落的義式蛋白霜。

7 取半量6的蛋白霜加入5當中，以橡皮刮刀由底部翻起般地輕輕混拌(e)。

8 在尚未完成拌勻前，加入其餘的蛋白霜，混合拌勻(f)。最後以橡皮刮刀按壓般地混拌壓實材料(Macaronnage)，混拌至產生光澤時即已完成(g)。

9 預備畫有3.5cm圓形的紙型，疊放在烤盤紙下鋪於烤盤上。將8的材料放入裝有12號圓形擠花嘴的擠花袋內，擠出直徑3.5cm的圓形(h)。

10 敲叩烤盤底部至麵糊表面呈現平整狀態(約是圓形直徑擴大約1cm的程度)(i)。

11 直接放置20～30分鐘，使表面乾燥。

12 觸摸麵糊表面而不沾黏時，放入以180℃預熱的烤箱中，溫度調降至160℃烘烤約7分鐘，左右對調烤盤再次烘烤7分鐘。完成烘烤後，由烤箱中取出，連同烤盤紙一起放置於網架上冷卻。

Mémo

■ 請參照第29頁「蔚藍海岸馬卡龍」的Mémo。

＜黑醋栗經典楚奧巧克力甘那許＞

1 巧克力和可可塊，以隔水加熱或微波爐加熱至45～50℃使其融化備用。

2 在鍋中混合黑醋栗果泥、紅醋栗果泥(j)、礦泉水、新鮮檸檬汁、黑醋栗利口酒(k)，用攪拌器邊混拌邊加熱使其沸騰(l)。

3 融化1的巧克力中，分三次加入2。首先加入1/3分量(m)，用攪拌器由中央朝外側攪入般地混拌(n)。待均勻混拌後，再加入1/3分量，同樣地混拌(o)。最後加入其餘的分量，第三次避免打入空氣地改以橡皮刮刀混拌。混拌完成時，呈乳化且具光澤的乳霜狀(p)。

4 當3的溫度達40～45℃時，加入置於室溫攪拌成乳霜狀的奶油(q)，以攪拌器輕巧地混拌至塊狀完全消失為止(r)。

5 倒入容器內，將玻璃紙緊密貼合在表面，在常溫冷卻至可以擠的硬度。

＜糖漿漬黑醋栗＞

1 在鍋中放入礦泉水和細砂糖混合，邊以攪拌器混拌邊加熱至沸騰，製作糖漿(s)。

2 將黑醋栗果實加入1當中(t)，表面以保鮮膜緊密貼合地覆蓋，直接靜置一天(u)。

3 使用的2～3小時前，放置於廚房紙巾上瀝乾水分備用。

＜組合＞

1 將甘那許放入裝有12號圓形擠花嘴的擠花袋內，大量擠在一半的馬卡龍餅上(每個約10g)(v)。

2 每個馬卡龍餅擺放3粒瀝乾水分的糖漿漬黑醋栗(w)。

3 覆蓋上不同顏色的馬卡龍餅，輕輕按壓(x)。放入密閉容器內冷藏靜置一夜。

克蘿伊馬卡龍
Macaron Chloé

材料（馬卡龍約60個）

■ 巧克力馬卡龍餅（biscuit macaron chocolat）

A

 杏仁粉（去皮） 125g

 糖粉 125g

 蛋白 48g

 食用液體色素（覆盆子色） 1滴

B

 細砂糖（糖漿用） 125g

 礦泉水 38g

 蛋白 48g

 細砂糖（蛋白霜用） 12g

 乾燥蛋白粉 0.7g

 可可塊 37g

 可可粉 適量

※ 黑巧克力

使用的是法芙娜（valrhona）MANJARI（可可成分64%）的產品。若無法購得，可用可可成分相同的黑巧克力取代。

■ 紅色馬卡龍餅

A

 杏仁粉（去皮） 125g

 糖粉 125g

 食用粉狀色素（草莓色） 1.2g

 蛋白 48g

B

 細砂糖（糖漿用） 125g

 礦泉水 38g

 蛋白（蛋白霜用） 48g

 細砂糖 12g

 乾燥蛋白粉 0.7g

■ 覆盆子巧克力甘那許

 覆盆子果泥 235g

 黑巧克力（可可成分64%） 240g

 無鹽奶油 60g

 冷凍乾燥覆盆子 30g

工具

 缽盆

 攪拌機（或手持電動攪拌機）

 擀麵棍

網篩

 擠花袋和圓形擠花嘴

 攪拌器

橡皮刮刀

 紙型（請參照第28頁）

 玻璃紙 OPP（cellophane）

 鍋子

 烤盤紙

 濾網

溫度計

 烤箱

巧克力馬卡龍餅

a

g

紅色馬卡龍餅

b

h

c

i

d

j

e

k

f

覆盆子巧克力甘那許

l

作法

<巧克力馬卡龍餅>

改變成左頁的材料，指定的食用色素，與第29頁「蔚藍海岸馬卡龍」的<巧克力馬卡龍餅>相同的製作方法進行。在材料擠至烤盤上平整後，以濾網篩上可可粉(a)。

<紅色馬卡龍餅>

1. B 的蛋白使用前3天，先放入缽盆中攪散，覆蓋保鮮膜刺出數個孔洞，放入冷藏室備用。
2. A 的杏仁粉和糖粉混合過篩，放入缽盆備用。
3. 在鍋中放入 B 的糖漿用細砂糖和礦泉水混合，加熱至118℃。
4. 在攪拌機缽盆中放入1當中 B 的蛋白、蛋白霜用細砂糖和乾燥蛋白粉，以攪拌機的中速開始進行打發作業。
5. 在缽盆中放入2的材料並加入 A 的食用粉狀色素(b)，以橡皮刮刀混合。接著加入 A 的蛋白(c)，輕輕混合(d)。在此不可過度混拌。
6. 當3的糖漿達118℃時，先將攪拌蛋白(仍為柔軟狀態)的攪拌機轉為高速，以細流狀倒入糖漿(e)。改回中速，打發至尖角略為垂落地義式蛋白霜。
7. 取半量6的義式蛋白霜加入5當中(f)，以橡皮刮刀由底部翻起般地輕輕混拌(g)。
8. 在尚未完成拌勻前，加入其餘的蛋白霜，混合拌勻(h)。最後以橡皮刮刀按壓般地混拌壓實材料(Macaronnage)，混拌至產生光澤時即已完成混拌(i)。
9. 預備畫有3.5cm 圓形的紙型，疊放在烤盤紙下放地鋪於烤盤上。將8的材料放入裝有12號圓形擠花嘴的擠花袋內，擠出直徑3.5cm 的圓形(j)。
10. 敲叩烤盤底部至麵糊表面呈現平整狀態(約是圓形直徑擴大約1cm 的程度)(k)。
11. 直接放置20～30分鐘，使表面乾燥。
12. 觸摸麵糊表面而不沾黏時，放入以180℃預熱的烤箱中，溫度調降至160℃烘烤約7分鐘，反轉烤盤再次烘烤7分鐘。完成烘烤後，由烤箱中取出，連同烤盤紙一起放置於網架上冷卻。

<覆盆子巧克力甘那許>

1. 冷凍乾燥覆盆子以擀麵棍等壓成細碎備用(l)。
2. 巧克力以隔水加熱或微波爐加熱至45～50℃使其融化備用。
3. 在鍋中放入覆盆子果泥，用攪拌器邊混拌邊加熱使其沸騰(m)。
4. 融化2的巧克力中，分三次加入3的果泥。首先加入1/3分量(n)，用攪拌器由中央朝外側攪入般地混拌。待均勻混拌後，再加入1/3分量，同樣地混拌(o)。最後加入其餘的分量，第三次避免打入空氣地改以橡皮刮刀混拌(p)。混拌完成時，呈乳化且具光澤的乳霜狀(q)。
5. 當4的溫度達45℃左右時，加入置於室溫攪拌成乳霜狀的奶油(r)以攪拌器輕巧地混拌至塊狀完全消失為止(s)。
6. 加入1的冷凍乾燥覆盆子(t)，以橡皮刮刀混拌(u)。
7. 倒入容器內，將玻璃紙緊密貼合在表面，在常溫冷卻至可以擠的硬度。

<組合>

1. 將甘那許放入裝有12號圓形擠花嘴的擠花袋內(v)，大量擠在紅色馬卡龍餅內側(每個約使用10g 甘那許)(w)。
2. 覆蓋上巧克力馬卡龍餅，輕輕按壓(x)。放入密閉容器內冷藏靜置一夜。

Mémo

■ 請參照第29頁「蔚藍海岸馬卡龍」的 Mémo。

Paris-Brest Plénitude
巴黎布雷斯特泡芙

點心及蛋糕的風味巧妙地兼而有之。

Éclair au chocolat
巧克力閃電泡芙

巧克力的風味紮實濃郁，
但又同時具備輕盈鬆軟奶油風味的絕品。

巴黎布雷斯特泡芙
Paris-Brest Plénitude

材料（約12個）

■ 泡芙麵糊

 牛奶 150g

 礦泉水 150g

 鹽（鹽之花） 6g

 細砂糖 3g

 無鹽奶油 134g

 高筋麵粉 170g

 全蛋 220g

 杏仁粒 30g

 糖粒 30g

 可可粒（grué de cacao） 30g

 糖粉（完成用） 適量

 可可粉（完成用） 適量

■ 馬斯卡邦巧克力奶油餡

 巧克力英式奶油醬（※） 220g

 馬斯卡邦起司 110g

※ 巧克力英式奶油醬

 鮮奶油（乳脂肪成分35%） 82g

 牛奶 82g

 細砂糖 34g

 蛋黃 40g

 黑巧克力（可可成分70%） 100g

 可可塊 13g

■ 焦糖脆片巧克力
（Croustillant au caramel）

 杏仁帕林內（Praliné amandes） 25g

 榛果醬（pâte de noisette） 25g

 可可塊 13g

 無鹽奶油 5g

 可可巴芮脆片（Pailleté Feuilletine） 14g

 片狀鹹奶油焦糖（製作方法請參照第62頁） 13g

※ 黑巧克力
使用的是法芙娜（valrhona）GUANAJA（可可成分70%）的產品。若無法購得，可用可可成分相同的黑巧克力取代。

※ 可可巴芮脆片
（Pailleté Feuilletine）
薄薄地烘烤可麗餅麵糊使其具有酥脆口感的片狀市售品。

工具

 鍋子　　 橡皮刮刀

 攪拌器　 擠花袋和星形擠花嘴

 缽盆　　 烤箱

 抹刀　　 烤盤紙

 濾網

 攪拌機（或手持電動攪拌機）

 玻璃紙 OPP（cellophane）

泡芙麵糊

 a

 b

 c

d

 e

f

 g

焦糖脆片巧克力

 h

i

 j

 k

l

巧克力英式奶油醬

 m

 n

 o

 p

q

 r

作法

<泡芙麵糊>

1 在鍋中放入混合水、牛奶、細砂糖、鹽和奶油(a)，邊以攪拌器混拌邊加熱至沸騰。

2 高筋麵粉放入缽盆中，倒入1(b)。以橡皮刮刀混合(c)至產生麵粉的筋度為止。

3 少量逐次地加入放至常溫的雞蛋(d)，以橡皮刮刀混拌。全蛋不能一次全部加入，必須少量逐次地加入，並攪拌至產生光澤且以橡皮刮刀拉起時麵糊下垂呈三角形滴落的硬度(e)。全部一次加入會容易結塊。

4 將3放入裝有7號星形擠花嘴的擠花袋內，在烤盤紙上擠成直徑約6cm的圓形(f)。因烘烤後會膨脹起來，擠時間隔需預留4cm以上。另外，擠失敗的麵糊可以再次填裝至擠花袋內重新再擠。

5 混合杏仁粒、糖粒和可可粒，大量篩在4的表面(g)。

6 置於烤盤上，放入以180℃預熱的烤箱約烘烤25分鐘，溫度調降至160℃後再烘烤約10分鐘。完成烘烤後，由烤箱中取出，直接放置冷卻。

<焦糖脆片巧克力>

1 可可塊以隔水加熱或微波爐加熱至40℃使其融化。加入融化奶油(h)以橡皮刮刀混合拌勻。

2 在另外的缽盆中放入杏仁帕林內和榛果醬，以橡皮刮刀混合拌勻。

3 將1加入2當中混拌(i)，加入片狀鹹奶油焦糖混拌(j)，再加入可可巴芮脆片混拌。

4 倒入厚約5mm的模型中，以抹刀平整表面(k)。

5 直接放置於冷藏室冷卻，待凝固後分切成1cm×1cm的塊狀(l)。

<巧克力英式奶油醬>

1 在鍋中放入鮮奶油、牛奶和半量的細砂糖，加熱使其沸騰(m)。

2 在缽盆中放入蛋黃、其餘半量的細砂糖混合(n)，以攪拌器將全體均勻混拌。

3 邊以攪拌器混拌2，邊加入1(o)。待均勻後，倒入放置濾網的鍋子，過濾至鍋內(p)。

4 加熱3的鍋子，邊以攪拌器混拌邊加熱至85℃(q)後，離火。沾在橡皮刮刀上的奶油餡，以手指劃過後會留下劃痕的硬度即是離火的判斷標準(r)。若劃過後奶油餡會立即垂落掩住劃痕時，質地仍稀薄必須再稍稍加熱。

5 融化巧克力和可可塊混合備用，將4加入其中並混拌均勻(s、t)。待混拌均勻後移至容器(u)，以玻璃紙緊密貼合地覆蓋在表面，放入冷藏室冷卻。

<馬斯卡邦巧克力奶油餡>

1 將冷卻的巧克力英式奶油醬放入冰冷的攪拌機缽盆內，加入馬斯卡邦起司(v)。

2 攪拌機以高速略略攪打後，改為中速再略略攪打。為避免結塊地在過程中暫停攪拌並以橡皮刮刀刮落沾黏在邊緣的奶油醬，攪打至呈大理石紋即可(w、x)。

3 再次以中速混拌至全體呈均勻狀態為止(y)。

<組合>

1 將泡芙橫向片切(z)。

2 在成為頂層的泡芙上篩放可可粉、少量糖粉(A)。

3 將馬斯卡邦巧克力奶油餡放入裝有星形擠花嘴的擠花袋內，在作為底部的泡芙上，每個位置原地繞擠2圈，共擠5個(B)。

4 每個泡芙放置7粒焦糖脆片巧克力(C)，再覆蓋上2的頂層泡芙(D)。

Mémo

泡芙麵糊

■ 雞蛋務必放至回復常溫備用。剛從冷藏室拿出來的冰冷雞蛋會導致麵糊變硬。此外邊確認麵糊的硬度邊少量逐次添加也非常重要。依步驟1的水分揮發程度，添加的雞蛋分量也會隨之不同，因此材料欄當中是參考標準，請邊視麵糊的硬度邊加以調整。

■ 烘烤過程中絕對不可打開烤箱。打開會使蒸氣逸出而導致泡芙無法膨脹。

馬斯卡邦巧克力奶油餡

■ 奶油餡過於柔軟時不易擠，因此缽盆及奶油醬都必須冰涼後再進行攪打。

■ 混合馬斯卡邦起司和奶油醬時，過度攪拌會使奶油餡變得沈重，因此必須注意不要過度混拌。

巧克力閃電泡芙
Éclair au chocolat

材料（約12個）

■ 泡芙麵糊

 牛奶 150g

 礦泉水 150g

 鹽（鹽之花） 6g

 細砂糖 3g

 無鹽奶油 134g

 高筋麵粉 170g

 全蛋 220g

■ 巧克力奶油餡

 低脂瓜納拉糕點奶油餡（Crème pâtissière cœur de guanaja）（※）450g

 打發鮮奶油 [乳脂肪成分35%] 90g

※ 低脂瓜納拉糕點奶油餡（Crème pâtissière cœur de guanaja）

 牛奶 285g

 蛋黃 42g

 細砂糖 35g

 卡士達粉 14g

 黑巧克力（可可成分80%） 100g

 無鹽奶油 24g

■ 巧克力鏡面淋醬（nappage miroir chocolat）

 礦泉水 34g

 細砂糖 38g

 葡萄糖（glucose） 15g

 無糖煉乳（evaporated milk） 62g

 巧克力鏡面（Pâte à glacer noir） 75g

 黑巧克力（可可成分66%） 75g

※ 黑巧克力

巧克力鏡面淋醬（nappage miroir chocolat）使用的是法芙娜（valrhona）CARAIBE（可可成分66%）。若無法購得，可用可可成分相同的黑巧克力取代。巧克力奶油餡使用的是油脂成分較低，巧克力風味較高的法芙娜（valrhona）CŒUR DE GUANAJA（可可成分80%）的產品。

工具

 鍋子

 攪拌器

 缽盆

 橡皮刮刀

 擠花袋和花形擠花嘴、圓形擠花嘴

 烤盤紙

 烤箱

 濾網

 手持式均質機

泡芙麵糊

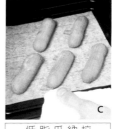

a
b
c

低脂瓜納拉糕點奶油餡

g
h
i
j
k
l
d
e
f

巧克力鏡面淋醬

m

n

o

p

巧克力奶油餡

r

s

t

u

完成

v

q

w

x

作法

<泡芙麵糊>

1 與第41頁「巴黎布雷斯特泡芙」的<泡芙麵糊>步驟1～3相同方法製作麵糊。

2 放入裝有較大口徑的花形擠花嘴的擠花袋內,在烤盤紙上擠出10cm的長條(a)。

3 置於烤盤上,放入以180℃預熱的烤箱(b),約烘烤25分鐘,溫度調降至160℃後再烘烤約10分鐘。完成烘烤後,由烤箱中取出(c),直接放置冷卻。

<低脂瓜納拉糕點奶油餡>

1 巧克力以隔水加熱或微波爐融化備用。

2 在鍋中放入牛奶和半量的細砂糖(d)、加熱至沸騰。

3 在缽盆中放入蛋黃和其餘的細砂糖(e),以攪拌器混拌。待均勻後加入卡士達粉(f),混拌至粉類完全消失。

4 邊以攪拌器混拌3邊加入2煮沸的牛奶(g)。

5 在另一個鍋上放置濾網,將3濾至鍋中,殘留在濾網內的材料則以橡皮刮刀使其過濾至鍋中(h)。

6 加熱約1分鐘,避免燒焦地不斷以攪拌器混拌(i)。當質地漸漸轉為濃稠時,就是判斷離火的時機。

7 將6加入1的融化巧克力當中(j),混合拌勻。

8 當溫度降至66℃以下時,加入奶油混合拌勻(k)。(l)是混拌完成的狀態。緊貼表面地覆蓋上保鮮膜,放入冷藏室冷卻。

<巧克力鏡面淋醬>

1 混合調溫過的巧克力(請參照第84頁)和融化的巧克力鏡面(Pâte à glacer noir)備用。

2 在鍋中混合礦泉水和細砂糖,邊以攪拌器混拌邊加熱至沸騰,製作糖漿。

3 沸騰後熄火,加入葡萄糖(glucose)(m)和無糖煉乳(n)。

4 用攪拌器邊混拌邊再次加熱(o)。沸騰後加入1當中混拌(p)。

5 以手持式均質機混拌至呈滑順狀態(q)。

<巧克力奶油餡>

1 打發成略硬的鮮奶油中,加入半量的低脂瓜納拉糕點奶油餡,以攪拌器混拌(r)。加入其餘半量(s),改以橡皮刮刀混拌(t),製作出鬆軟輕盈感(u)。剛由冷藏室取出的低脂瓜納拉糕點奶油餡,則必須先打散後再使用才容易拌勻,之後也比較容易擠。

<完成>

1 用較小的擠花嘴在泡芙底部兩端刺出小孔洞(v)。

2 將巧克力奶油餡放入裝有小形擠花嘴的擠花袋內,由泡芙底部一側的孔洞擠奶油餡,接著再由另一側擠。另一側孔洞溢出奶油餡時(w),即是奶油餡完全填滿的證明。

3 以2的表面沾裹巧克力鏡面淋醬(x),晾乾。

Mémo

泡芙麵糊

■烘烤過程中絕對不可打開烤箱。打開會使蒸氣逸出而導致泡芙無法膨脹。

Tarte croustifondante
au chocolat
et aux framboises

覆盆子巧克力塔

這款覆盆子巧克力塔，
嚐到酥脆嚼勁的口感之後，
微微地溶於口中，且能品嚐出鮮明酸甜風味。

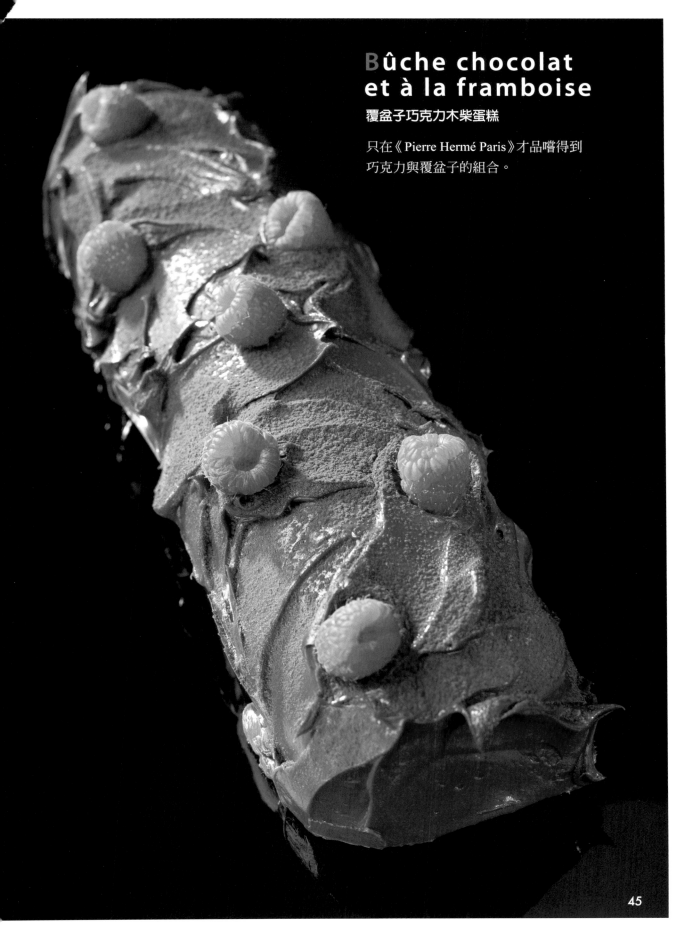

Bûche chocolat et à la framboise

覆盆子巧克力木柴蛋糕

只在《Pierre Hermé Paris》才品嚐得到
巧克力與覆盆子的組合。

覆盆子巧克力塔
Tarte croustifondante au chocolat et aux framboises

材料（直徑8cm x高2cm 的環形模約6個）

■ 甜酥塔皮（Pâte sucrée）（甜塔皮麵團）

 無鹽奶油　82g

 糖粉　52g

 杏仁粉　16g

 香草粉　0.1g

 鹽（鹽之花）　0.6g

 全蛋　32g

 高筋麵粉　138g

■ 無麵粉巧克力餅（Biscuit au chocolat sans farine）

 蛋黃　80g

 蛋白　100g

 細砂糖　90g

 黑巧克力（可可成分67%）　45g

 可可塊　10g

■ 覆盆子巧克力甘那許

 鮮奶油　75g

 轉化糖漿（trimoline）　10g

 黑巧克力（可可成分56%）　80g

 黑巧克力（可可成分64%）　80g

 覆盆子果泥　65g

 無鹽奶油　38g

■ 完成

 覆盆子　適量

■ 可可粒奴軋汀（nougatine au grué de cacao）

 牛奶　25g

 無鹽奶油　62g

 細砂糖　60g

 葡萄糖　25g

 可可粒（grué de cacao）　75g

 黑胡椒　0.5g

 鹽（鹽之花）　適量

※ 黑巧克力

無麵粉巧克力餅使用的是法芙娜（valrhona）EXTRA AMER（可可成分67%）的產品。覆盆子巧克力甘那許使用的是法芙娜（valrhona）CARAQUE（可可成分56%）、MANJARI（可可成分64%）的產品。若無法購得，可用可可成分相同的黑巧克力取代。

工具

缽盆	攪拌器
橡皮刮刀	手持式均質機
擀麵棍	溫度計
烤箱	刮板
攪拌機（或手持電動攪拌機）	鍋子
擠花袋和圓形擠花嘴	環形模（直徑12.5cm）
烤盤紙	環形模（直徑8cm、高2cm）
生米（作為重石使用）	

 a

 b

 g

 m

 c

 h

 n

 i

 o

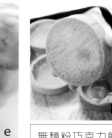 d

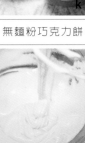 j

 p

 q

 e

 f

 k

 l

 r

覆盆子巧克力甘那許

s

y

t

z

u

A

組合

v

B

可可粒奴軋汀

C

w

x

D

作法

＜甜酥塔皮＞

1. 過篩高筋麵粉備用。
2. 在缽盆中放入軟化成乳霜狀的奶油、糖粉、杏仁粉、鹽、香草粉，以橡皮刮刀混拌至粉類完全消失為止。
3. 加入打散全蛋的半量(a)，混拌後，再加入其餘半量並再次混拌。
4. 加入完成過篩1的高筋麵粉半量(b)，待完全融合時，再加入其餘分量，混拌至粉類完全消失為止(c)。
5. 用保鮮膜包覆4，以手掌在保鮮膜上按壓延展使整體厚度均勻。靜置於冷藏室2～3小時，使整體呈現相同的硬度。
6. 由冷藏室取出，在麵團兩面篩上高筋麵粉(分量外)，先以擀麵棍按壓般地擀薄麵團，接著上下左右滾動擀麵棍(d)，將麵團擀壓成2mm厚。
7. 以直徑12.5cm的環形模按壓6。
8. 在直徑8cm、高2cm的環形模內薄薄地刷塗奶油，放入7的麵團，先大致將麵團按壓至模型中(e)。接著將麵團貼合壓入至模型下方(f)。此時，麵團底部如照片般使其略呈膨出的狀態(g)，最後將底部按壓在工作檯上(h)，使麵團能完全貼合至模型底部。
9. 刀子沿著模型邊緣劃切(i)，除去多餘的麵團。
10. 排放在舖有烤盤紙的烤箱上，在麵團上放紙杯模再放入作為重石使用的生米(j)。
11. 放入以160℃預熱的烤箱，約烘烤20分鐘。過程中取出並除去生米、環形模和紙杯模，接著持續烘烤至整體呈現漂亮的烤色為止(k)。

＜無麵粉巧克力餅＞

1. 在攪拌機缽盆中混合蛋黃和45g細砂糖，攪拌機以中速進行攪拌。打發至顏色顏色轉淺，拉起材料滴落，會如照片(l)般稍微留下形狀後才消失的硬度。
2. 製作蛋白霜。在攪拌機的缽盆中放入蛋白和其餘的45g細砂糖，以中高速攪拌至尖角略為垂落，柔軟程度的蛋白霜(m)。
3. 巧克力和可可塊以40～45℃使其融化混拌，加入1當中以橡皮刮刀混合拌勻(n)。

4. 在3尚未完成拌勻前，加入2的半量蛋白霜，混合拌勻(o)。以橡皮刮刀由底部翻起般混拌，在尚未完成混拌前，加入其餘的蛋白霜(p)同樣混拌(q)。
5. 將4的材料放入裝有7號圓形擠花嘴的擠花袋內，在舖有烤盤紙的烤盤上，由中央向外擠出渦卷狀(r)，使其成為直徑5cm的圓形。
6. 放入以170℃預熱的烤箱中，烘烤至硬脆地確實烘烤約20分鐘。烘烤後取出，直接放涼。

＜覆盆子巧克力甘那許＞

1. 巧克力以隔水加熱或微波爐加熱至45～50℃融化備用。
2. 在鍋中混合鮮奶油和轉化糖漿，以攪拌器邊混拌邊加熱至沸騰。
3. 融化1的巧克力中，分三次加入2的鮮奶油(s)，第一～二次由中央朝外側攪入般地混拌拌勻，第三次避免打入空氣地以橡皮刮刀混拌。混拌完成時，呈乳化且具光澤的乳霜狀。
4. 覆盆子果泥加熱至50℃，加入3當中(t)，以橡皮刮刀混合拌勻。
5. 當4加熱達45℃時，加入放置常溫攪拌呈乳霜狀的奶油(u)。以手持式均質機混拌至沒有結塊且產生光澤為止(v)。

＜可可粒奴軋汀＞

1. 在鍋中放入牛奶、奶油、細砂糖、葡萄糖混合並加熱，以攪拌器邊混拌邊加熱至106℃(w)。
2. 待至106℃時熄火，加入可可粒、黑胡椒(x)，以橡皮刮刀混拌(y)。
3. 將2攤放在烤盤紙上，上面疊放烤盤紙，以擀麵棍擀壓成厚1mm左右的薄片(z)，置於陰涼處放涼。
4. 放置在烤盤上並撒放鹽(A)，放入以170℃預熱的烤箱中，約烘烤13分鐘。過度烘烤時會變苦，因此要注意避免過度烘烤。

＜組合＞

1. 在塔皮內倒入甘那許至1/3處(B)。
2. 擺放上無麵粉巧克力餅(C)。
3. 再次倒入甘那許填滿塔皮(D)。
4. 放入冷藏室冷卻至凝固。
5. 待甘那許凝固後，表面以覆盆子裝飾，再插上切開的可可粒奴軋汀裝飾。

覆盆子巧克力木柴蛋糕
Bûche chocolat et à la framboise

材料（1個）

■ 巧克力海綿蛋糕

 蛋黃　75g

 蛋白　75g

 細砂糖　96g

 融化奶油　35g

 低筋麵粉　75g

 可可粉　11g

■ 酒糖液（imbibage）（塗抹滲入蛋糕用）

 礦泉水　75g

 細砂糖　38g

 覆盆子利口酒　23g

■ 甘那許

 鮮奶油　200g

 轉化糖漿（trimoline）　16g

 黑巧克力（可可成分64%）　175g

 無鹽奶油　58g

■ 含果粒的覆盆子果醬

 覆盆子（冷凍、新鮮都可）　125g

 細砂糖　75g

 果膠（凝固劑）　2g

 新鮮檸檬汁　12g

■ 完成

 覆盆子　適量

 可可粉　適量

※ 黑巧克力
使用的是法芙娜（valrhona）
MANJARI（可可成分64%）
的產品。若無法購得，可用
可可成分相同的黑巧克力
取代。

工具

 網篩

 攪拌機（或手持電動攪拌機）

 缽盆

 攪拌器

 橡皮刮刀

 擠花袋和圓形擠花嘴

 烤盤紙

 烤箱

 鍋子

 手持式均質機

 抹刀

 毛刷

 量尺

 濾網

巧克力海綿蛋糕

a

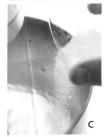
b

c

d

e

f

g

h

i

j

k

甘那許

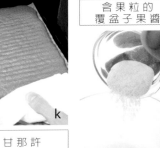
l

m

n

o

p

含果粒的覆盆子果醬

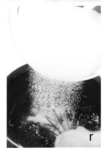
q

r

酒糖液

組合

作法

<巧克力海綿蛋糕>

1 混合過篩低筋麵粉和可可粉備用。

2 在攪拌機缽盆中放入蛋黃和48g
的細砂糖，以中高速攪拌(a)。
打發至顏色轉淺且材料滴落時會
暫時殘留形狀的硬度。

3 融化奶油中加入1/4分量的2，
以攪拌器混合(b)。

4 製作蛋白霜。在攪拌機缽盆混合
蛋白和24g細砂糖，以中高速打
發。當打發至會留下攪拌葉痕跡
的硬度時，少量逐次地加入其餘
細砂糖(c)，並打發至尖角略為
垂落的硬度(d)。

5 在4的蛋白霜中加入其餘的2
(e)，以橡皮刮刀輕輕混合(f)。

6 在尚未完全混拌完成時，少量逐
次地加入1的粉類，以橡皮刮刀
大動作粗略混拌(g)。

7 待粉類完全消失時，加入3的奶
油糊(h)，大動作粗略混拌至全
體均勻為止(i)。

8 將7放入裝有8號圓形擠花嘴的
擠花袋內。在舖有烤盤紙的烤盤
上，並排擠出22cm的長條形
(j)，完成22cm x22cm的大小。

9 放入以180℃預熱的烤箱，約烘
烤7分鐘。烘烤完成後，由烤箱
取出(k)，連同烤盤紙一起放在
網架上放涼。

<甘那許>

1 巧克力以隔水加熱或微波爐加熱
至40℃使其融化備用。

2 在鍋中混合鮮奶油和轉化糖漿，
用攪拌器邊混拌邊加熱使其沸騰。

3 融化1的巧克力中，分三次加入
2煮沸的鮮奶油。首先加入1/3
分量，以攪拌器由中央朝外側攪
入般地混拌(l)，待混拌均勻後
再加入1/3分量(m)，同樣地混
拌。最後加入其餘的鮮奶油，第
三次避免打入空氣地改以橡皮刮
刀混拌(n)。混拌完成時，呈乳
化且具光澤的乳霜狀。

4 當3的溫度達40～45℃時，加
入放置常溫攪拌呈乳霜狀的奶油
(o)。以攪拌器輕輕地混拌至奶
油消失為止。

5 再次以手持式均質機混拌，使其
呈現光滑平順狀(p)。

6 倒入容器，避免乾燥地以玻璃紙緊
密緊貼表面地放置於常溫中冷卻。

<含果粒的覆盆子果醬>

1 充分混合細砂糖和果膠備用(q)。

2 在鍋中放入覆盆子並加熱。

3 覆盆子加熱至40℃後，加入
1(r)，以攪拌器混拌。

4 離火，以手持式均質機將覆盆子
搗碎使其滑順(s)，最後混入新
鮮檸檬汁(t)。

5 移至容器內，緊貼表面地覆蓋上
保鮮膜，放入冷藏室保存。

<酒糖液>

1 在鍋中混合礦泉水和細砂糖，以
攪拌器邊混拌邊加熱至沸騰，製
作糖漿。

2 熄火，加入覆盆子利口酒(u)。

<組合>

1 剝下巧克力海棉蛋糕的烤盤紙
(v)，剝除面以毛刷塗抹上放涼
的酒糖液(w)。

2 由冷藏室取出含果粒的覆盆子果
醬，混拌使其硬度均勻後，用抹
刀薄薄地刷在1上(x)。

3 倒入80g的甘那許在2的表面
(y)，以抹刀重疊地塗抹(z)。

4 連同烤盤紙一起提捲，由身體方
向朝外側包捲。邊緣部分確實捲
入，就能漂亮地包捲起來。最後
再以量尺等確實拉緊(A)。

5 用常溫甘那許塗抹在蛋糕表面。
由下朝上地塗抹，抹至上端時提
起(B)，側面也需塗抹。

6 當全部塗抹上甘那許後，由上端
篩上可可粉(C)，再以覆盆子裝
飾。(D)

Mémo

■果膠吸收水分容易結塊，因此先與細砂糖均勻混拌。
■添加果膠時一旦溫度過高容易結塊，所以待覆盆子約40℃時才加入。

Mousse au chocolat à la pomme et cannelle
肉桂蘋果巧克力慕斯

無法以言語形容的細緻風味，
溫和的錫蘭肉桂與添加蘋果的巧克力慕斯搭配得恰如其分。

Mousse au chocolat au lait, citron et gingembre

牛奶檸檬生薑巧克力慕斯

添加在巧克力慕斯中的薑片及檸檬皮蘊釀出驚人的口感，
宛如躍動在口中的光芒般令人回味無窮。

肉桂蘋果巧克力慕斯

Mousse au chocolat à la pomme et cannelle

材料 （小玻璃杯約12個）

■ **焦糖蘋果**（pomme Poêlée）
（焦糖化的蘋果。使用85g）

 無鹽奶油　適量
（參考標準約8g）

 蘋果（紅玉）　80g

 細砂糖　12g

 肉桂粉　少許

 蘭姆酒　15g

■ **巧克力慕斯**

 鮮奶油　50g

 肉桂棒　1/2支

 黑巧克力（可可
成分66%）　138g

 蛋白　100g

 細砂糖　20g

■ **完成用焦糖蘋果**

 無鹽奶油　適量
（大約8g）

蘋果（紅玉）　40g

細砂糖　適量

工具

 鍋子

 橡皮刮刀
（具耐熱性）

 濾網

 攪拌器

 缽盆

 攪拌機（或手持
電動攪拌機）

 擠花袋和
圓形擠花嘴

※ **黑巧克力**
使用的是法芙娜（valrhona）
CARAIBE（可可成分66%）的
產品。若無法購得，可用可
可成分相同的黑巧克力取代。

焦糖蘋果

a

g

b

h

c

d

巧克力慕斯

i

j

e

k

f

完成用焦糖蘋果

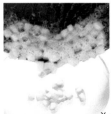

作法

<焦糖蘋果>

1　蘋果去皮，切除蘋果蒂，切成1cm左右的塊狀(a)。
2　在鍋中放入奶油加熱，先製作焦香奶油(b)。待奶油上色後，放入1的蘋果(c)、細砂糖、肉桂粉(d)，以橡皮刮刀邊混拌邊使其焦糖化(e)。
3　待蘋果略為柔軟後，倒入蘭姆酒焰燒(flambé)增添香氣(f、g)。
4　以濾網過濾(h)，放入冷藏室保存。

<巧克力慕斯>

1　在鍋中放入鮮奶油和敲碎的肉桂棒(i)，以攪拌器邊混拌邊加熱至沸騰(j)。
2　沸騰後離火，覆蓋上保鮮膜約10分鐘，使肉桂香氣確實移轉(k)。
3　以40℃將巧克力融化，邊以濾網過濾2邊加入其中(l)。以攪拌器由中央朝外側攪入般地混拌(m)，使其成為乳化且具光澤的乳霜狀(n)。
4　製作蛋白霜。在攪拌機缽盆中放入蛋白和細砂糖混合，以攪拌機的中高速攪打，打發至尖角略垂落的硬度(o)。
5　當3的巧克力溫度達25℃時，取4的半量蛋白霜加入(p)，以攪拌器從底部翻起般混拌(q)。在尚未完成混拌時，加入其餘分量的蛋白霜(r)，改以橡皮刮刀避免破壞蛋白霜地混拌(s)。
6　在尚未完成混拌前，加入焦糖蘋果(t)，以橡皮刮刀大動作粗略混拌。照片(u)為混拌完成時。
7　將6放入裝有13號大圓形擠花嘴的擠花袋內，擠入玻璃杯約8分滿(v)。在工作檯上輕敲以排出空氣，放入冷藏室冷卻凝固。

<完成用焦糖蘋果>

1　蘋果去皮，切除蘋果蒂，切成1cm左右的塊狀。
2　加熱奶油，先製作焦香奶油，待奶油上色後，放入1的蘋果、細砂糖(w)。以橡皮刮刀邊混拌邊使其焦糖化，表面具光澤地完成。
3　以濾網過濾(x)，直接放至冷卻。放入冷藏室保存奶油會凝固，外觀不漂亮，因此不要冷藏。

<完成>

1　巧克力慕斯上盛放完成用焦糖蘋果。

Mémo

焦糖蘋果
■ 蘋果建議使用口感較硬的紅玉。請注意不要香煎過久，保持口感地完成。此外，以具酸味的蘋果製作也很美味。

巧克力慕斯
■ 蛋白霜，是在混合鮮奶油等的巧克力溫度降至25℃後才添加。溫度過高時蛋白霜會變成液體狀。

牛奶檸檬生薑巧克力慕斯

Mousse au chocolat au lait, citron et gingembre

材料（直徑18cm的容器1個）

■ 巧克力慕斯

	牛奶	20g
	鮮奶油	44g
	生薑泥	1.2g
	牛奶巧克力（可可成分40%）	227g
	檸檬皮	1.5個
	無鹽奶油	28g
	蛋白	130g
	細砂糖	14g
	蛋黃	58g

■ 糖煮生薑
（gingermbre confit）

	生薑（切成5mm的丁）	50g
	礦泉水	100g
	細砂糖	50g

■ 完成

	牛奶巧克力（可可成分40%）	適量
	檸檬皮	適量
	糖煮生薑	適量

工具

	鍋子
	攪拌器
	磨泥器（或磨泥器）
	缽盆
	攪拌機（或手持電動攪拌機）
	濾網
	橡皮刮刀

※ 牛奶巧克力

使用的是法芙娜（valrhona）JIVARA（可可成分40%）的產品。若無法購得，可用可可成分相同的牛奶巧克力取代。

糖煮生薑

巧克力慕斯

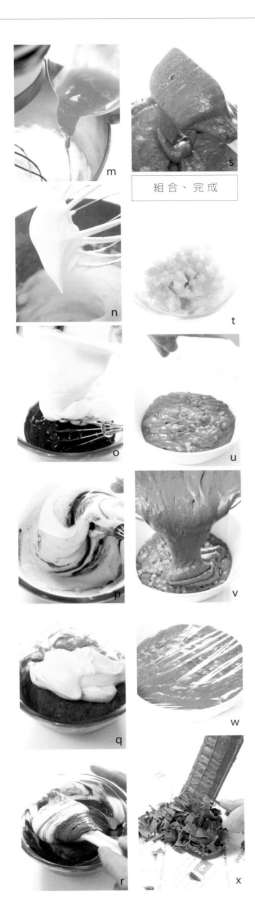

組 合、完 成

作法

<糖煮生薑>

1　生薑去皮，切成5mm左右的丁。

2　在鍋中放入礦泉水和細砂糖混合，以橡皮刮刀邊混拌邊加熱。

3　待煮至沸騰後，加入1的生薑(a)，以鋁箔紙等作為落蓋(b)，用小火加熱1小時30分鐘。(c)是完成的糖煮生薑。

<巧克力慕斯>

1　在鍋中放入牛奶、鮮奶油和磨成泥的生薑混合(d)，以攪拌器邊混拌邊加熱至沸騰(e)。

2　在缽盆上架放濾網，將煮沸1過濾至缽盆中。濾網上殘留的生薑，以橡皮刮刀等按壓(f)後備用。

3　以40℃融化巧克力，混拌磨成絲的檸檬皮(g、h)。檸檬皮的白色部分具苦味，所以僅磨削黃色表皮部分。

4　將2加入3的巧克力當中(i)，以攪拌器將全體均勻混拌。加入放置於常溫軟化成乳霜狀的奶油(j)，同樣地混拌(k)。

5　製作蛋白霜。在攪拌機缽盆中放入蛋白和細砂糖混合，以攪拌機的中高速攪拌打發。當打發至會留下攪拌葉痕跡的硬度時(l)，在攪拌機持續攪拌的狀態下加入蛋黃(m)，再略為混拌至全體硬度均勻，停止攪拌(n)。

6　當3的巧克力溫度達25℃，取5的半量麵糊加入(o)，以攪拌器從底部翻起般混拌(p)。在尚未完成混拌時，加入其餘分量的麵糊(q)，改以橡皮刮刀避免破壞氣泡地同樣混拌(r)。照片(s)是混拌完成的狀態。

<組合>

1　瀝乾糖煮生薑的糖水，用水沖洗瀝乾備用(t)。

2　在容器內倒入半量的巧克力慕斯，散放1的糖煮生薑(u)。留少量完成時用的糖煮生薑。

3　再倒入其餘的巧克力慕斯(v)，包覆上保鮮膜放入冷藏室冷卻凝固(w)。

<完成>

1　以湯匙薄薄地削下完成用的牛奶巧克力(x)。

2　在慕斯表面裝飾上1的巧克力片，散上預留下的糖煮生薑和磨削下的檸檬皮。

Mémo

巧克力慕斯

■蛋白霜，是混合鮮奶油等的巧克力溫度降至25℃後才添加。溫度過高時蛋白霜會變成液體狀。

Coupe Faubourg St-Honoré

法布聖多諾黑點心杯

這是我個人特別鍾愛的冰淇淋甜點。

Glace Plénitude
焦糖巧克力冰淇淋

巧克力強烈的口感和唇齒間薄鹽的焦糖風味，
是味覺的饗宴。

法布聖多諾黑點心杯
Coupe Faubourg St-Honoré

材料（約玻璃杯10個）

■ 鹹奶油焦糖冰淇淋
（glace caramel au beurre salé。每個玻璃杯使用冰淇淋杓1匙）

 細砂糖　113g

 含鹽奶油　70g

 牛奶　429g

 脫脂奶粉　24g

 粉狀水麥芽　14g

 細砂糖（安定劑用）　7g

 安定劑　3g

 蛋黃　21g

 片狀鹹奶油焦糖（eclat de caramel au beurre salé 請參照第60頁）　71g

■ 榛果蛋白餅
（succès noisette。55片每杯使用4～5片）

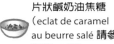 榛果粉　30g

 糖粉　30g

 蛋白　60g

 乾燥蛋白粉　1.5g

 細砂糖　60g

■ 焦糖榛果（noisettes caramélisées。每個玻璃杯使用6～8顆）

 榛果（完成烘烤）　100g

 細砂糖　45g

 礦泉水　15g

 可可塊　2g

■ 巧克力雪酪
（sorbet chocolat。每個玻璃杯使用冰淇淋杓2匙。約15匙）

 礦泉水　463g

 轉化糖漿（trimoline）　63g

 細砂糖　75g

 安定劑　3g

 可可粉　32g

 黑巧克力（可可成分72%）　64g

 可可粒奴軋汀（製作方法請參照第47頁）　50g

※ 黑巧克力
使用的是法芙娜（valrhona）ARAGUANI（可可成分72%）的產品。若無法購得，可用可可成分相同的巧克力取代。

■ 鮮奶油香醍
（Crème Chantilly）

 鮮奶油　100g

 糖粉　7g

工具

 攪拌機（或手持電動攪拌機）

 橡皮刮刀

 擠花袋和圓形擠花嘴

 缽盆

 手持式均質機

 冰淇淋機

 鍋子

 烤盤紙

 烤箱

a

b

c

d

e

作法

＜鹹奶油焦糖冰淇淋＞

與第60頁的＜焦糖巧克力冰淇淋＞的＜鹹奶油焦糖冰淇淋＞相同製作方法來製作。

＜榛果蛋白餅＞

1　過篩烘烤過的榛果粉和糖粉備用。
2　細砂糖的半量與蛋白、乾燥蛋白粉以攪拌機的中速混拌(a)。
3　蛋白稍稍呈固態時，加入其餘的細砂糖(b)。
4　打發至尖角直立時，停止攪拌機，加入1。用橡皮刮刀從底部翻起般地大動作粗略混拌(c)。
5　將4的材料放入裝有10號圓形擠花嘴的擠花袋內。
6　烤盤上鋪放烤盤紙，以3cm間隔地擠出長條狀(d)。
7　放入以140℃預熱的烤箱，烘烤40分鐘(e)。

＜焦糖榛果＞

1　混合水和細砂糖，加熱。
2　細砂糖融化後，輕輕放入榛果(f)。
3　煮至水分揮發，榛果表面沾裹上砂糖結晶時，轉為小火(g)。
4　緩慢地加熱至榛果表面的砂糖融化成焦糖色(h)。
5　待呈焦糖色後，加入可可塊混拌(i)，立刻熄火，攤平在烤盤紙上使其冷卻(j)。
6　放涼後以刀子切碎(k)。

＜巧克力雪酪＞

1　混合細砂糖和安定劑備用。
2　煮沸礦泉水，加入可可粉。以攪拌器充分混拌(l)。
3　將2加入裝有巧克力的缽盆中，邊混拌邊加入轉化糖漿充分混合拌勻。
4　改由手持式均質機充分混拌。
5　為避免接觸空氣而緊貼表面地覆蓋保鮮膜(m)，冷藏一天。翌日，以冰淇淋機攪拌。
6　以刀子切碎奴軋汀(n)，拌入以冰淇淋機攪拌過的巧克力雪酪中(o)，放入冷凍庫冷卻凝固。

＜鮮奶油香醍＞

1　鮮奶油和糖粉放入缽盆中混合。
2　用手持攪拌機高速攪打，打發至尖角直立的程度。

＜組合＞

1　在冰涼的玻璃杯中放入對折的榛果蛋白餅2根。
2　盛入以冰淇淋杓舀起的2匙巧克力雪酪和1匙焦糖冰淇淋。
3　在上方擠出鮮奶油香醍，以焦糖榛果和榛果蛋白餅裝飾。

Mémo

焦糖榛果
■表面的砂糖變成焦糖色時，必須轉成極弱的火勢，慢慢地使其焦糖化。

焦糖巧克力冰淇淋 1
Glace Plénitude

材料（約冰淇淋杓15匙）

■ 鹹奶油焦糖冰淇淋（glace caramel au beurre salé）

 細砂糖　113g

 含鹽奶油　70g

 牛奶　429g

 脫脂奶粉　24g

 粉狀水麥芽　14g

 細砂糖（安定劑用）　7g

 安定劑　3g

 蛋黃　21g

 片狀鹹奶油焦糖（材料與製作方法請參照第62頁）　71g

■ 巧克力冰淇淋（glace chocolat）

 牛奶　495g

 脫脂奶粉　23g

 細砂糖　38g

 轉化糖漿（trimoline）　45g

 細砂糖（安定劑用）　11g

 安定劑　3g

 黑巧克力（可可成分70%）　68g

 鹽之花黑巧克力（chocolat noir à la Fleur de Sel 請參照第62頁）　68g

工具

 缽盆

鍋子

攪拌器

手持式均質機

冰淇淋機

刮鏟（Spatula）

橡皮刮刀

溫度計

玻璃紙 OPP（cellophane）

※ 黑巧克力
使用的是法芙娜（valrhona）GUANAJA（可可成分70%）的產品。
若無法購得，可用可可成分相同的巧克力取代。

a

f

b

g

c

h

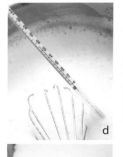
d

i

e

j

巧克力冰淇淋	完成

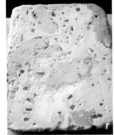

作法

<鹹奶油焦糖冰淇淋>

1. 細砂糖7g、安定劑和粉狀水麥芽混合備用。
2. 製作焦糖。加熱鍋子，僅融化少許細砂糖。待融化後再加入少許細砂糖(a)。其餘的細砂糖分二次加入並使其融化。
3. 待出現細小氣泡後(b)，熄火，加入含鹽奶油充分混拌(c)。
4. 在另一個鍋中放入冰冷的牛奶和脫脂奶粉加熱，邊混拌邊加熱至45℃。加入1之後，再繼續加熱至55℃(d)。
5. 加熱至55℃的4取少量加入裝有蛋黃的缽盆中混拌(e)。
6. 完成混拌的5過濾回4當中(f)。
7. 3的焦糖加入6當中，使焦糖充分融化，融化後以小火加熱並用攪拌器混拌至達85℃(g)。
8. 達85℃後將其過濾至缽盆中，用手持式均質機充分混拌(h)。
9. 避免接觸空氣地緊貼表面覆蓋上保鮮膜，放入冷藏室一天(i)。
10. 翌日，以冰淇淋機攪拌。冰淇淋完成後，混拌切碎的片狀鹹奶油焦糖(j)。

<巧克力冰淇淋>

1. 混合11g細砂糖和安定劑備用。
2. 混合牛奶、脫脂奶粉和細砂糖加熱，邊混拌加熱至45℃。
3. 達45℃後，加入1並煮至沸騰(k)。
4. 煮至沸騰的3加入巧克力中，充分混拌(l)。
5. 加入轉化糖漿以攪拌器混拌，再改以手持式均質機充分混拌(m)。
6. 為避免接觸空氣緊貼表面地覆蓋保鮮膜，冷藏一天(n)。
7. 翌日，以冰淇淋機攪拌。將刀子切碎的鹽之花黑巧克力(o)，混拌入其中(p)。

<完成>

交錯混拌以冰淇淋機攪拌的鹹奶油焦糖冰淇淋和巧克力冰淇淋(q)，放入冷凍室冷卻凝固(r)。

焦糖巧克力冰淇淋 2
Glace Plénitude

材料

■ **片狀鹹奶油焦糖**（eclat de caramel au beurre salé）

 轉化糖漿（trimoline） 30g

 細砂糖 30g

 無鹽奶油 30g

■ **鹽之花黑巧克力**
（chocolat noir à la Fleur de Sel）

 黑巧克力（可可成分70%） 70g

 鹽（鹽之花） 1.3g

※ **黑巧克力**
使用的是法芙娜（valrhona）
GUANAJA（可可成分70%）
的產品。若無法購得，可
用可可成分相同的巧克力
取代。

片狀鹹奶油焦糖

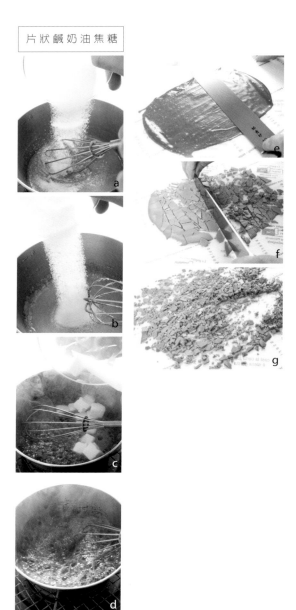

鹽之花黑巧克力

作法

<片狀鹹奶油焦糖>

1 在鍋中加熱融化轉化糖漿，待融化後熄火，加入細砂糖的半量混合(a)。

2 待細砂糖融化後，加入其餘的細砂糖(b)，再次加熱。

3 加熱至呈焦糖色時，熄火，加入奶油混拌(c)。奶油融化後，待其溫度降低就會呈現乳化狀態(d)。

4 烤盤上舖放烤盤紙，倒入3推平攤開(e)，放入冷凍室使其凝固。

5 待凝固後，以刀子切碎(f、g)。放入冷凍室保存。

<鹽之花黑巧克力>

1 調溫後的巧克力。用45℃熱水使其融化(h)，接著在底部墊放冰水，以橡皮刮刀邊混拌邊使溫度降至26℃（i)。

2 接著在缽盆底部墊放熱水(50℃左右)，避免混入空氣地邊混拌邊使其溫度升高至32℃（j)。(關於巧克力的調溫，請參照第84頁)

3 烤盤紙中間夾入鹽之花，並以擀麵棍將其擀成細碎(k)。

4 將3加入完成調溫的巧克力當中，混拌(l)。

5 倒至玻璃紙上，用刮鏟推開至四角(m)，冷卻後凝固。

6 以刀子切碎(n、o)。

Mémo

鹽之花黑巧克力

■加了鹽的巧克力雖然即使是常溫也會立即凝固，但前一天先行製作備用，當天較方便步驟的進行。

熱巧克力
Chocolat chaud

材料（約2～3杯）

 礦泉水　360g

 細砂糖　35g

 可可粉　18g

 黑巧克力（可可
成分67%）　90g

※ 黑巧克力
使用的是法芙娜（valrhona）
EXTRA AMER（可可成分67%）
的產品。若無法購得，可
用可可成分相同的巧克力
取代。

工具

 鍋子

 攪拌器

 缽盆

 濾網

作法

1 在鍋中混合礦泉水和細砂糖，加熱(a)。
2 沸騰後加入可可粉(b)，再次加熱至沸騰後，邊用攪拌器混拌邊加熱1分鐘左右(c)。
3 巧克力以隔水加熱或微波爐加熱至40℃使其融化，用攪拌器邊混拌邊將2分三次加入(d、e)。
4 以濾網過濾(f)，緊貼表面地包覆保鮮膜，放入冷藏室保存。
5 飲用時，以鍋子或微波爐加溫。

Chocolat chaud

熱巧克力

雖然是以可可成分67%的黑巧克力製作，
但也可以加入新鮮的牛奶享用。

柑橘風味熱巧克力
Chocolat chaud aux agrumes

材料（約3～4杯）

 礦泉水　500g

 細砂糖　50g

 萊姆皮　1/4個

 葡萄柚皮　1/4個

 柳橙皮　1/4個

 可可粉　25g

 黑巧克力（可可成分67%）125g

※ 黑巧克力
使用的是法芙娜（valrhona）
EXTRA AMER（可可成分67%）
的產品。若無法購得，可
用可可成分相同的巧克力
取代。

工具

 削皮器

 鍋子

 攪拌器

 缽盆

 濾網

a

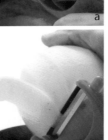
b

c

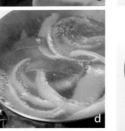
d

e

f

g

h

i

j

k

l

作法

1 用削皮器削下萊姆(a)、葡萄柚(b)、柳橙(c)的表皮。

2 在鍋中混合礦泉水、細砂糖和1的柑橘類的皮，加熱(d)

3 沸騰後加入可可粉(e)，再次加熱至沸騰後，邊用攪拌器混拌邊加熱1分鐘左右(f)。離火，以濾網過濾(g)。

4 巧克力以隔水加熱或微波爐加熱至40℃使其融化，用攪拌器邊混拌邊將3分三次加入(h、i)。照片(j)是混拌完成的狀態。

5 以濾網過濾(k)，緊貼表面地包覆保鮮膜(l)，放入冷藏室保存。

6 飲用時，以鍋子或微波爐加溫。

Chocolat chaud aux agrumes

柑橘風味熱巧克力

基底的黑巧克力，
因柑橘類的果皮更添風味。

異國風情冰巧克力
Chocolat froid Exotic

材料（約3～4杯）

■ 椰香冰巧克力（chocolat froid à la noix de coco）

 礦泉水　350g

 細砂糖　25g

 可可粉　12g

 黑巧克力（可可成分67%）　62g

 椰漿　75g

■ 椰香泡沫
（écume de noix de coco）

 板狀明膠　1g

 礦泉水　62g

 細砂糖　20g

 椰漿　150g

※ 黑巧克力
使用的是法芙娜（valrhona）EXTRA AMER（可可成分67%）的產品。若無法購得，可用可可成分相同的巧克力取代。

工具

 鍋子

 攪拌器

 缽盆

 濾網

 虹吸瓶

椰香冰巧克力

a

b

c

d

e

椰香泡沫

f

g

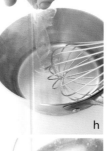
h

i

j

作法

＜椰香冰巧克力＞

1 巧克力以隔水加熱或微波爐加熱至40℃使其融化。

2 在鍋中混合礦泉水、細砂糖，加熱。

3 沸騰後加入1的巧克力、可可粉(a)，再次加熱至沸騰後，邊用攪拌器混拌邊加熱1分鐘左右(b)。加入椰漿(c)，離火。

4 將3以濾網過濾(d)，緊貼表面地包覆保鮮膜(e)，放入冷藏室冷卻。

＜椰香泡沫＞

1 在冰水（分量外）中放入明膠(f)，放置於冷藏室約20分鐘使其還原。

2 以廚房紙巾等拭乾1還原的明膠(g)。

3 在鍋中混合礦泉水和細砂糖，使其沸騰製作糖漿，離火。

4 將2的明膠加入3的糖漿中(h)。

5 加入椰漿(i)，用攪拌器邊混合拌勻。緊貼表面地包覆保鮮膜，放入冷藏室冷卻(j)。

＜完成＞

1 冰涼的椰香冰巧克力倒至玻璃杯的一半。

2 將椰香泡沫的材料放入虹吸瓶中，打出泡沫盛放於杯內。

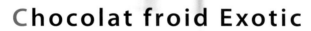

Chocolat froid Exotic
異國風情冰巧克力

隱約的水果風味，香甜濃稠的冰巧克力，
與芳香的氣泡完全融合爲一。

克蘿伊冰巧克力
Chocolat froid Chloé

材料（約3～4杯）

■ 覆盆子風味冰巧克力
(chocolat froid à la
framboise)

 礦泉水　350g

 細砂糖　25g

 可可粉　12g

 黑巧克力（可可
成分67%）　62g

 覆盆子果泥　75g

■ 覆盆子泡沫
(écume de noix de
framboise)

 板狀明膠　2g

 礦泉水　90g

 細砂糖　12g

 覆盆子果泥　150g

※ 黑巧克力
使用的是法芙娜（valrhona）
EXTRA AMER（可可成分
67%）的產品。若無法購
得，可用可可成分相同的
巧克力取代。

工具

 鍋子

 攪拌器

 缽盆

 濾網

 虹吸瓶

覆盆子風味冰巧克力

覆盆子泡沫

作法

＜覆盆子風味冰巧克力＞

1　在鍋中混合礦泉水、細砂糖，加熱。

2　沸騰後加入可可粉（a），再次加熱至沸騰
　　後，邊用攪拌器混拌邊加熱1分鐘左右
　　（b）。

3　巧克力以隔水加熱或微波爐加熱至40℃使
　　其融化，用攪拌器邊混拌邊將2分三次加
　　入（c、d）。

4　加入覆盆子果泥（e），混合拌勻。

5　以濾網過濾（f），緊貼表面地包覆保鮮膜，
　　放入冷藏室冷卻。

＜覆盆子泡沫＞

1　在冰水（分量外）中放入明膠，放置於冷藏
　　室約20分鐘使其還原。

2　以廚房紙巾等拭乾1還原的明膠。

3　在鍋中混合礦泉水和細砂糖，使其沸騰製
　　作糖漿，離火。

4　將2的明膠加入3的糖漿中（g）。

5　加入覆盆子果泥（h），用攪拌器邊混合拌
　　勻（i）。緊貼表面地包覆保鮮膜，放入冷
　　藏室冷卻（j）。

＜完成＞

1　冰涼的覆盆子風味冰巧克力倒至玻璃杯的
　　一半。

2　將覆盆子泡沫的材料放入虹吸瓶中，打出
　　泡沫盛放於杯內。

Chocolat froid Chloé
克蘿伊冰巧克力

「雞尾酒風」的冰巧克力，先以吸管品嚐後，
請記得用湯匙享受泡沫的風味。

Tentation Chocolat
誘惑巧克力

酪梨、香蕉和巧克力三大美味的結合，
共譜出複雜細緻的絕佳風味。

誘惑巧克力

Tentation CHocolat

材料 （約6盤）

■ 溫巧克力蛋糕
（biscuit tiede au chocolat）

 黑巧克力（可可成分70%）　146g

 無鹽奶油　128g

 蛋黃　45g

 全蛋　40g

 細砂糖　30g

 青辣椒　1段

■ 酪梨香蕉醬

 礦泉水　40g

 細砂糖　20g

 新鮮檸檬汁　80g

 新鮮柳橙汁　40g

 香蕉　1根

 酪梨　1個

■ 橙香瓦片餅乾

 糖粉　50g

 新鮮柳橙汁　10g

 柳橙皮　1/2個

 融化奶油　40g

 低筋麵粉　15g

■ 焦糖香蕉

 香蕉約1根
（1盤的分量）

 無鹽奶油　適量

 細砂糖　適量

工具

 缽盆

 攪拌器

 環形模（直徑5.5cm、高3cm）

 烤盤紙

 擠花袋和圓形擠花嘴

 烤箱

 手持式均質機

 磨泥器（或磨棒）

 網篩

平底鍋

※ 黑巧克力

使用的是法芙娜（valrhona）
GUANAJA（可可成分70%）
的產品。若無法購得，可
用可可成分相同的黑巧克
力取代。

酪梨香蕉醬

橙香瓦片餅乾

溫巧克力蛋糕

焦糖香蕉

誘惑巧克力

Tentation CHocolat

作法

<酪梨香蕉醬>

1. 在缽盆中放入礦泉水、細砂糖、新鮮檸檬汁(a)、新鮮柳橙汁,以攪拌器混拌。
2. 香蕉去皮切成5mm厚的薄片。酪梨去皮去籽。將香蕉及酪梨加入1當中(b、c)。
3. 以攪拌器邊搗碎香蕉及酪梨邊進行混拌(d),搗散至某個程度後,改以手持式均質機混拌(e)。照片(f)是混拌完成時的狀態。
4. 緊貼表面地包覆保鮮膜(g),放入冷藏室冷卻。

<橙香瓦片餅乾>

1. 在缽盆中放入糖粉、新鮮柳橙汁。
2. 用磨泥器削磨下柳橙表皮(h),加入1當中。表皮內側的白色部分帶有苦味,因此僅磨削表皮使用。
3. 加入以35～40℃融化的奶油(i),以攪拌器混拌全體至均勻混合。
4. 加入過篩的低筋麵粉(k),以攪拌器混拌至粉類完全消失為止(l)。
5. 緊貼表面地包覆保鮮膜,置於常溫下一天。
6. 將5放入裝有7號的圓形擠花嘴的擠花袋內,在烤盤紙上擠出10cm的長度,薄薄地擀壓。放入以160℃預熱的烤箱,約烘烤12分鐘,溫度調降至160℃後再烘烤約10分鐘。完成烘烤後,由烤箱中取出,直接放置冷卻。

<溫巧克力蛋糕>

1. 青辣椒1段切碎(m)。
2. 巧克力以隔水加熱或微波爐加熱至40～45℃使其融化,加入融化奶油,混拌均勻(n)。
3. 在其他缽盆中放入回復至常溫的蛋黃和全蛋混拌,加入細砂糖,用攪拌器混合拌勻(o)。
4. 用攪拌器邊混拌2邊少量逐次地加入3(p)。混拌至乳化且呈光澤的乳霜狀(q)。
5. 加入1的青辣椒(r),混合拌勻。
6. 將直徑5.5cm、高3cm的環形模排放在鋪有烤盤紙的烤盤上。烤盤紙裁切成4cm×18.5cm的大小,鋪入環形模的內側。
7. 將5放入裝有圓形擠花嘴的擠花袋內,在6的環形模內,每個擠65g(s)。放入冷藏室冷卻。
8. 放入以180℃預熱的烤箱,約烘烤11分鐘。完成烘烤後,由烤箱中取出(t),脫模。

<焦糖香蕉>

1. 加熱平底鍋,留下少許細砂糖之外,其餘分三次加入,使其融化(u)。
2. 加入斜切成厚8mm的香蕉,加入留下的細砂糖(v)。待細砂糖融化,呈焦糖色時加入奶油(w),使香蕉片充分地沾裹(x)。

<盛盤>

1. 在盤內盛放冰涼的酪梨香蕉醬,擺放上溫巧克力蛋糕和剛製作完成的焦糖香蕉,用橙香瓦片餅乾加以裝飾。

Mémo

溫巧克力蛋糕
- 使材料確實乳化是最重要的關鍵。沒有乳化地進行烘烤時,奶油會流出。雞蛋務必放置成常溫,少量逐次地加入比較容易乳化。
- 在烘烤前,先放入冷藏室冷卻凝固比較能夠烤出漂亮的形狀。
- 預先完成烘烤備用,食用時再以160℃的烤箱烘烤30～60秒後盛盤也很方便。

酪梨香蕉醬
- 搭配冰涼醬汁享用更美味。但因顏色容易氧化,因此放入冷藏室冷卻時務必用保鮮膜緊貼地覆蓋。

橙香瓦片餅乾
- 容易吸收濕氣,烘烤完成冷卻後,必須立即放入裝有乾燥劑的容器內蓋緊,常溫保存。

Dessert Choc-Chocolat

巧克力點心杯

熱的、冷的、冰的、香濃、滑順、柔軟，
所有的風味都依序演繹了一回。

巧克力點心杯
Dessert Choc-Chocolat

材料（直徑3cm × 8cm的耐熱圓筒玻璃杯18個）

■ 滑順的巧克力乳霜
（crème fouettlée au chocolat。12個，各30g）

 牛奶　110g

 鮮奶油　110g

 細砂糖　26g

 蛋黃　35g

 黑巧克力（可可成分70%）　95g

※ 黑巧克力
使用的是法芙娜(valrhona) GUANAJA（可可成分70%）的產品。若無法購得，可用可可成分相同的黑巧克力取代。

■ 打發的荳蔻鮮奶油（crème fouettlée à la cardamome。6個，各20g）

 鮮奶油　120g

 細砂糖　5g

 荳蔻粉　1g

 黑胡椒　少許

※ 黑胡椒
黑胡椒使用的是馬來西亞砂勞越(Sarawak)所產。香氣十足。

■ 咖啡冰沙（Granit au cafe）（6個，各25g）

 濃縮咖啡　165g

 柳橙皮　1片

 細砂糖　10g

 礦泉水　32g

■ 熱甘那許（ganache chaude。6個，各25g）

 黑巧克力（可可成分70%）　65g

 融化奶油　42g

 全蛋　20g

 蛋黃　17g

 細砂糖　17g

 辣椒水（tabasco）2滴

※ 黑巧克力
使用的是法芙娜(valrhona) GUANAJA（可可成分70%)的產品。若無法購得，可用可可成分相同的黑巧克力取代。

■ 西谷米椰香醬汁（jus de noix de coco perle du Japon）（6個，各30g）

 西谷米椰香醬汁（製作方法請參照第83頁）　180g

■ 裝飾食材

 百香果　2個

 奶油香煎香料麵包（Pain d'épices）（※）1cm 的塊狀 30個

 棒棒糖（chupa chups）2根

※ 香料麵包
肉桂、荳蔻、薑汁風味的磅蛋糕。

工具

 缽盆

 鍋子

 攪拌器

 濾網

 溫度計

 削皮器

 烤箱

 平底鍋

咖啡冰沙

組合

巧克力點心杯
Dessert Choc-Chocolat

作法

<滑順的巧克力乳霜>

1 混合牛奶、鮮奶油和半量的細砂糖,加熱至沸騰。
2 蛋黃和半量細砂糖,以擦拌方式混拌(a)。
3 將煮至沸騰的1全部加入2當中混拌,再倒回鍋中加熱。邊混拌邊加熱至85℃(b)。
4 過濾3至融化的巧克力中(c)。避免帶入空氣地進行混拌。
5 倒入筒狀容器的一半高(d),冷藏。

<打發的荳蔻鮮奶油>

1 鮮奶油、荳蔻粉、黑胡椒、細砂糖全部混合,邊混拌邊加熱(e)。
2 沸騰後熄火,移至缽盆中避免接觸空氣地貼緊覆蓋上保鮮膜(f)。降溫後放入冷藏室放至翌日。
3 翌日取出打發。打發至可緩慢拉起的硬度(g)。

<咖啡冰沙>

1 濃縮咖啡和柳橙皮混合(h)加熱,煮沸後離火,覆蓋上保鮮膜放置10分鐘。
2 過濾,加入細砂糖和礦泉水混拌至糖融化。
3 放入冷凍室,約1小時後取出混拌(i)。再放置1小時後取出混拌(j)。放入冷凍室使其凝固。

<熱甘那許>

1 充分混拌蛋黃、全蛋和細砂糖(k)。
2 在其他缽盆中混合融化的巧克力和融化奶油,加入辣椒水充分混拌。
3 將2少量逐次地加入1當中(l),並同時避免帶入空氣地以攪拌器進行混拌。
4 使用擠巧克力乳霜相同的容器,擠出6個不到半杯的分量(m),放置冷藏約30分鐘。
5 以冰冷狀態放入180℃的烤箱中。烘烤約8分鐘(n)。

<奶油香煎香料麵包>

1 將香料麵包切成1cm的塊狀(o)。不使用外側堅硬的部分。
2 加熱少許的奶油(分量外),使切塊的香料麵包都能沾裹奶油地煎熱。
3 攤放在烤盤紙上(p)放涼後作為搭配食材使用。

<組合1>

1 在擠了滑順巧克力乳霜的6個容器內,放上打發的荳蔻鮮奶油(q)。
2 上方再擺放奶油香煎的香料麵包。
3 其餘6個,則放入切碎的咖啡冰沙。
4 上方擺放棒棒糖(chupa chups)碎片。

<組合2>

1 熱甘那許由烤箱取出,趁熱地注入西谷米椰香醬汁(r)。
2 上方以百香果汁作為裝飾。

Chocolat en croquettes
巧克力炸丸

帶著苦味的巧克力搭配香甜的椰香，形成絕妙的美味平衡。

巧克力炸丸

Chocolat en croquettes

材料（6～8盤）

■ 青辣椒甘那許
（2cm × 2cm，約28個）

 全蛋　40g

 蛋黃　45g

 細砂糖　20g

 融化奶油　90g

 黑巧克力（可可成分67%）　107g

 青辣椒　僅用前端 1根

 椰子粉　適量

 蛋液（麵衣用）適量

 沙拉油　適量

※ 黑巧克力

使用的是法芙娜（valrhona）EXTRA AMER（可可成分67%）的產品。若無法購得，可用可可成分相同的黑巧克力取代。

■ 糖煮生薑
（gingermbre confit）

 生薑　15g

 細砂糖　50g

 礦泉水　150g

■ 西谷米椰香醬汁
（jus de noix de coco perle du Japon）

 牛奶　250g

 細砂糖　18g

 磨削的柳橙皮 1小撮

 生薑泥　1.5g

 西谷米　35g

 椰漿　250g

 鮮奶油　75g

■ 裝飾食材

 百香果 2大匙（1盤）

工具

 9.5cm × 14.5cm 的模型

 缽盆

 鍋子

 攪拌器

橡皮刮刀

青辣椒甘那許

糖煮生薑

西谷米椰香醬汁

巧克力炸丸
Chocolat en croquettes

作法

＜青辣椒甘那許＞
1 混拌蛋黃和全蛋，再此加入細砂糖(a)充分混拌。
2 在其他缽盆中混合融化奶油和融化的巧克力，以攪拌器混拌(b)。
3 青辣椒僅使用前端。切成細末後再以刀面按壓成泥(c)。
4 將3的青椒加入2當中(d)。
5 將4加入1當中，避免帶入空氣地混拌(e)。
6 倒入內側舖有保鮮膜的模型中(f)。敲叩模型底部平整表面，放入冷藏室內冷卻凝固(f)。
7 凝固後脫出模型，切成2cm×2cm的大小(g)。
8 將每塊切好的材料沾裹蛋液，再厚厚地沾裹椰子粉作為麵衣(h)，放入冷凍。
9 冷凍後凝固的材料，再一次沾裹蛋液，再厚厚地沾裹椰子粉作為麵衣(i)，放入冷凍。
10 加熱油鍋，使溫度達170℃。
11 由冷凍室中取出凝固的9，立刻輕輕放入170℃的油鍋中(j)。
12 避免翻動地直接靜置於油鍋中(k)。待麵衣呈金黃色時即取出瀝油。

＜糖煮生薑＞
1 生薑切絲。
2 煮沸礦泉水，融化細砂糖。
3 待砂糖融化後放入1，以小火煮約20分鐘(l)。
4 連同糖漿一起移至缽盆中(m)，覆蓋保鮮膜後放於冷藏室冷卻。

＜西谷米椰香醬汁＞
1 牛奶、生薑、柳橙皮和半量細砂糖混合，加熱(n)。
2 煮沸後放入西谷米(o)。用小火煮約20分鐘至西谷米還原為止。
3 在另外的鍋中煮沸鮮奶油。
4 待西谷米煮至呈透明時，確認入口也不硬時，加入3和椰漿、其餘的細砂糖，熄火。
5 不時地混拌使其降溫，再移至冷藏室冷卻。放入冷藏室後也要不時地取出混拌。

＜完成＞
1 在盤內盛放冰涼的西谷米椰香醬汁。
2 中央散放百香果的果肉。
3 在百香果周圍擺放巧克力炸丸，上方再以糖煮生薑裝飾。

Mémo

青辣椒甘那許
■奶油和黑巧克力以40℃融化。
■沾裹椰子粉的青辣椒甘那許，從冷凍室取出後會立刻變柔軟，因此由冷凍庫取出要立即油炸地事先備好炸油。

西谷米椰香醬汁
■西谷米即使煮至透明，中央也可能殘留硬芯，所以要入口確認。此外，冷卻過程中，缽盆底部的西谷米容易結塊，所以必須記得不時地混拌。

巧克力的調溫

製作糕點用的巧克力,若僅融化使用,在常溫下會無法凝固,或即使凝固後也會缺乏光澤,無法入口即融。最初融化後,接著調降溫度、再提高溫度地進行溫度的調整,就可以使其成為在常溫下1~2分鐘即可凝固、具良好光澤且入口即融的巧克力。這樣的溫度調整就稱之為調溫。融化溫度、降低溫度、再提高至使用溫度,各種溫度會因巧克力的種類而有所不同。請參考下方圖表。因廠商不同也會有不同的溫度差異,請在使用前先行確認。

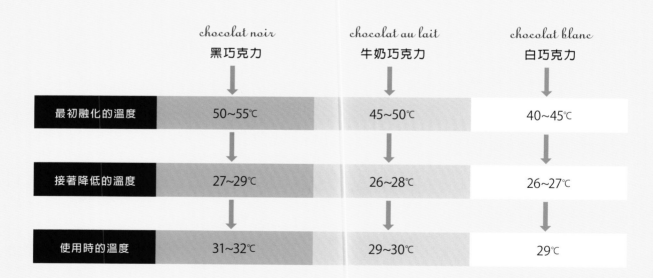

	chocolat noir 黑巧克力	*chocolat au lait* 牛奶巧克力	*chocolat blanc* 白巧克力
最初融化的溫度	50~55℃	45~50℃	40~45℃
接著降低的溫度	27~29℃	26~28℃	26~27℃
使用時的溫度	31~32℃	29~30℃	29℃

{例}
巧克力的調溫

1
隔水加熱融化

2
墊放冰水降低溫度

3
隔水加熱提高溫度

糕點製作用的巧克力以刀子切碎放入缽盆，以50℃的熱水隔水加熱使其融化。

在缽盆底部墊放冰水，黑巧克力的溫度是降低至28℃。冰塊過多時溫度會降得過低，因此冰塊不能太多。用橡皮刮刀大動作緩慢混拌全體以降低溫度。黑巧克力在27～28℃會急速凝固，必須多加注意。

隔水加熱地將溫度提高至31℃。從28℃提高3℃，因此隔水加熱的熱水約以50℃，缽盆墊放熱水時間約5秒左右。大動作緩緩地混拌，使整體能均勻地提高至31℃。若在此溫度之下，或產生溫度不均，凝固時就會出現白色線條。在進行澆淋表面時也會不易延展。

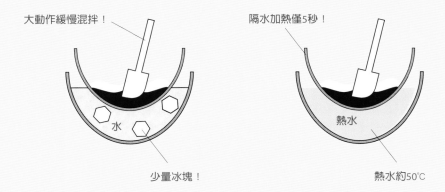

大動作緩慢混拌！

少量冰塊！

水

隔水加熱僅5秒！

熱水

熱水約50℃

溫度升高至31℃時，伸入抹刀尖端試試。如果調溫狀況十分良好，在常溫下1分鐘即會凝固，呈現具光澤的狀態。調溫失敗，表面會帶著白霧感，經過2～3分鐘也不會凝固。此時，要再回到步驟2。

Pierre Hermé 皮耶·艾曼

出身於阿爾薩斯(Alsace)糕點世家第四代，14歲拜師 Gaston Lenôtre，24歲時接管了巴黎知名糕點品牌馥頌(Fauchon)的甜點廚房。

不斷地挑戰創造出獨特的糕點，也有著雄心壯志想要傳授自己獨創的「Haute Patisserie 頂級糕點」。

受到廣大糕點迷讚譽、更獲得同行糕點師們的景仰，被譽爲領導二十一世紀甜點界的第一把交椅。如此鬼才般表現受到全世界的認可，特別揚名於法國、日本以及美國。將「味覺的喜悅視爲唯一的指南」，並以此爲基石，進而構築出獨特原創『味覺、感性、喜悅的天堂』。

HOMEPAGE

http://www.pierreherme.co.jp

http://www.pierreherme.com

[JAPAN]

ピエール・エルメ・パリ（ホテル ニューオータニ）

〒 102-8578 東京都千代田区紀尾井町 4-1 ホテルニューオータニ東京 ロビィ階
Tel:03-3221-7252

ピエール・エルメ・パリ　青山

〒 150-0001 東京都渋谷区神宮前 5-51-8 ラ・ポルト青山 1・2F
Tel:03-5485-7766
1F Boutique
2F Bar chocolat

ピエール・エルメ・パリ　伊勢丹新宿

〒 160-0022 東京都新宿区新宿 3-14-1 本館 B1F
Tel:03-3352-1111(代表)

ピエール・エルメ・パリ　日本橋三越

〒 103-8001 東京都中央区日本橋室町 1-4-1 本館 B1F
Tel:03-3241-3311(代表)

ピエール・エルメ・パリ　西武渋谷

〒 150-8330 東京都渋谷区宇田川町 21-1 A 館 B1F
Tel:03-3462-0111(代表)

ピエール・エルメ・パリ　大丸東京

〒 100-6701 東京都千代田区丸の内 1-9-1 大丸東京店 1F
Tel:03-3212-8011(代表)

ピエール・エルメ・パリ　西武池袋

〒 171-8569 東京都豊島区南池袋 1-28-1
Tel:03-3981-0111(代表)

ピエール・エルメ・パリ　二子玉川 東急フードショー

〒 158-0094 東京都世田谷区玉川 2-21-2 B1F
Tel:03-6805-7111 （代表）

ピエール・エルメ・パリ　渋谷ヒカリエ ShinQs

〒 150-0002 東京都渋谷区渋谷 2-21 B2F
Tel:03-3461-1090(代表)

ピエール・エルメ・パリ　松屋銀座

〒 104-8130 東京都中央区銀座 3-6-1　B1F
Tel:03-3567-1211(大代表)

ピエール・エルメ・パリ そごう横浜

〒 220-8510 神奈川県横浜市西区高島 2-18-1　B2F
Tel:045-465-2111(大代表)

ピエール・エルメ・パリ イセタン フードホール ルクア イーレ

〒 530-8558 大阪府大阪市北区梅田 3-1-3 B2F
Tel:06-6457-1111 （代表）

ピエール・エルメ・パリ 大丸神戸

〒 650-0037 兵庫県神戸市中央区明石町 40 B1F
Tel:078-331-8121(代表)

ピエール・エルメ・パリ（ザ・リッツ・カールトン京都）

〒 604-0902 京都府京都市中京区鴨川二条大橋畔
Tel:075-746-5555(代表)

[FRANCE]

PIERRE HERMÉ PARIS Bonaparte

72,rue Bonaparte 75006 PARIS
Tel:+33(1)43 54 47 77

PIERRE HERMÉ PARIS Vaugirard

185, rue de Vaugirard 75015 PARIS
Tel:+33(1)47 83 89 96

MACARONS & CHOCOLATS PIERRE HERMÉ PARIS Cambon

4rue Cambon 75001 PARIS

MACARONS & CHOCOLATS PIERRE HERMÉ PARIS Champs-Eluseés

Au Publicis drugstore 133 avenue des Champs-Elyseés 75008 PARIS

MACARONS & CHOCOLATS PIERRE HERMÉ PARIS Galeries Lafayette Haussmann

Espace Souliers(B1), Espace créateurs(1F) 40, boulevard Haussmann 75009 PARIS

MACARONS & CHOCOLATS PIERRE HERMÉ PARIS Doumer

58, Avenue Paul Doumer 75016 PARIS

MACARONS & CHOCOLATS PIERRE HERMÉ PARIS Opéra

39, Avenue de l'Opéra 75002 PARIS

MACARONS & CHOCOLATS PIERRE HERMÉ PARIS Printemps Parly II

1er Etage Luxe - Centre Commercial - Avenue Charles - De - Gaule 78150 Le Chesnay

MACARONS & CHOCOLATS PIERRE HERMÉ PARIS Malesherbes

89 boulevard Malesherbes 75008 Paris

MACARONS & CHOCOLATS PIERRE HERMÉ PARIS Marais

18 rue Sainte-Croix-de-la-Bretonnerie 75004 Paris

MACARONS & CHOCOLATS PIERRE HERMÉ PARIS Galeries Lafayette Gourmet

Rez-de-chaussée, 35, avenue Haussmann 75009 PARIS

LE ROYAL MONCEAU RAFFLES PARIS

37, avenue Hoche 75017 PARIS
Tel:+33(0)1 42 99 88 00

MACARONS & CHOCOLATS PIERRE HERMÉ PARIS Galeries Lafayette Strasbourg

Espace Gourmet 34, rue du 22 Novembre 67000 Strasbourg
+33(0)3 8815 2300

MACARONS & CHOCOLATS PIERRE HERMÉ PARIS Galeries Lafayette Nice Masséna

6 avenue Jean Médecin 06000 Nice
+33(0)4 93 79 34 89

電話號碼請向 Bonaparte 洽詢。

[LONDON]

MACARONS & CHOCOLATS PIERRE HERMÉ PARIS Selfridges

400, Oxford Street London W1A 1AB
Tel:+44(0)207 318 3908

MACARONS & CHOCOLATS PIERRE HERMÉ PARIS Lowndes Street

13 Lowndes Street, Belgravia, SW1X 9EX London
Tel:+44(0)207 245 0317

MACARONS & CHOCOLATS PIERRE HERMÉ PARIS Monmouth Street

38 Monmouth Street WC2H 9EP London
+44(0)207 240 8653

※地址為 2015 年 11 月資料

攝影協助

Pierre Hermé Paris 青山

東京都渋谷区神宮前5-51-8 ラ・ポルト青山1・2F
電話03-5485-7766

Pierre Hermé日本最早的糕點店，2005年2月開幕於東京的青山。
1樓是店面，2樓的Bar Chocolat，充滿著典雅高貴的氣氛。

系列名稱 / PIERRE HERMÉ

書　名 / Pierre Hermé寫給你的巧克力糕點書

作　者 / PIERRE HERMÉ

出版者 / 大境文化事業有限公司

發行人 / 趙天德

總編輯 / 車東蔚

文　編 / 編輯部

美　編 / R.C. Work Shop

翻　譯 / 胡家齊

地址 / 台北市雨聲街77號1樓

TEL / (02)2838-7996

FAX / (02)2836-0028

初版日期 / 2018年1月

定　價 / 新台幣 300元

ISBN / 978-986-94514-7-5

書　號 / PH 09

讀者專線 / (02)2836-0069

www.ecook.com.tw

E-mail / service@ecook.com.tw

劃撥帳號 / 19260956大境文化事業有限公司

PIERRE HERME GA OSHIERU CHOCOLATE NO OKASHI
© PIERRE HERME 2010
Originally published in Japan in 2010 by ASAHIYA SHUPPAN.INC.
Chinese translation rights arranged through TOHAN CORPORATION, TOKYO.

國家圖書館出版品預行編目資料
Pierre Hermé寫給你的巧克力糕點書
PIERRE HERMÉ 著; --初版.--臺北市
大境文化，2017　88面；19×26公分.
(PIERRE HERMÉ；PH 09)
ISBN 978-986-94514-7-5(平裝)

攝 影 根岸亮輔
潤 稿 櫻井めぐみ
設 計 吉野晶子（Fast design office）
Introduction conceptcopy 翻譯 小川隆久
編 集 井上久尚 鈴木絢乃

協力（五十音順）

株式会社アルカン
アレッシージャパン株式会社
池伝株式会社
株式会社イワセ・エスタ
ヴァローナ・ジャパン株式会社
サンエイト貿易株式会社
中沢乳業株式会社
株式会社ナリヅカコーポレーション
日仏商事株式会社
日本製粉株式会社
フレンチ F&B ジャパン株式会社
株式会社ミコヤ香商
株式会社めいらくコーポレーション

尊重著作權與版權，禁止擅自影印、轉載或以電子檔案傳播本書的全部或部分。